memo
Wissen entdecken

Eisenbahnen

Puzzlespiel „Tenderlokomotive Thomas“

Wappen der Midland-Eisenbahngesellschaft

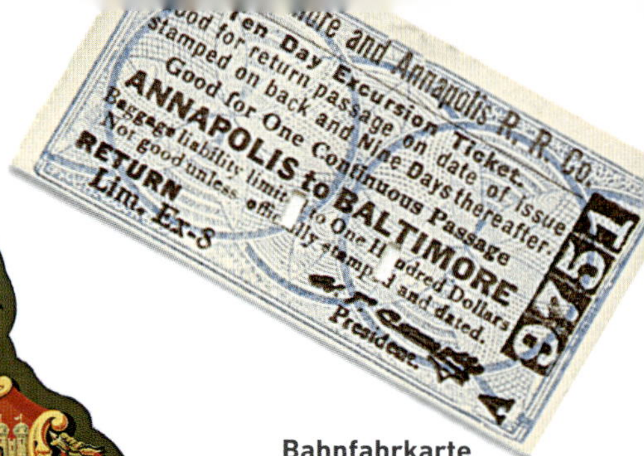

Bahnfahrkarte

Bahntelegraf

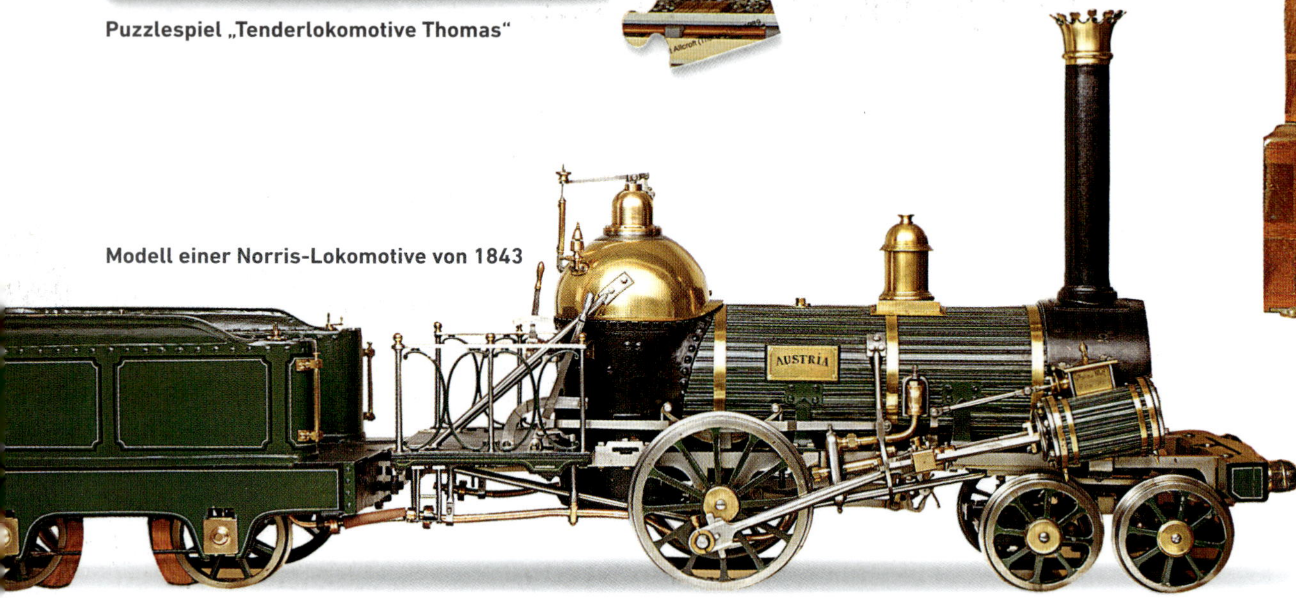

Modell einer Norris-Lokomotive von 1843

Dampflok *Duchess of Hamilton* (1938)

memo
Wissen entdecken

Metallpfeife

Eisenbahnen

Dampflok, U-Bahn, ICE

Französische Freifahrkarte

Columbine-
Dampflok
(1845)

DK

Modell einer amerikanischen Dampflok von 1875

Englisches *Semaphore*-Signal (Flügelsignal)

Stirnlampe eines königlichen Zugs

Fahrkarten

Taschenuhr (spätes 19. Jh.)

DK | Penguin Random House

Text John Coiley
Fachliche Beratung Robert Gwynne, Russel Hollowood (National Rail Museum, Großbritannien)

Lektorat Christine Webb, Jayne Miller, Steve Setford, Helen Parker, Camilla Hallinan, Andrew Macintyre
Gestaltung und Bildredaktion Ann Cannings, Edward Kinsey, Peter Radcliffe, Owen Peyton Jones, Martin Wilson, Julia Harris, Cynthia Hole, Myriam Mégharbi
Herstellung Louise Barratt, Laragh Kedwell, Pip Tinsley
Fotos Mike Dunning

Für die deutsche Ausgabe:
Programmleitung Monika Schlitzer
Redaktionsleitung Martina Glöde
Projektbetreuung Dörte Eppelin
Herstellungsleitung Dorothee Whittaker
Herstellungskoordination Ksenia Lebedeva, Josefine Algieri
Herstellung, Cover- und Postergestaltung Sabine Hüttenkofer, Jenny Kolbe, Stefanie Staat
Idee und Illustration Chamäleon blatteins, Andreas Mack

Titel der englischen Originalausgabe: Eyewitness Train

Übersetzung Manfred Kottmann, Dr. Michael Schmidt
Lektorat Margot Wilhelmi, Claus Keller
Satz Roman Bold & Black

ISBN 978-3-8310-3544-1

Druck und Bindung RR Donnelley, China

MIX Papier aus verantwortungsvollen Quellen FSC® C101537

www.dorlingkindersley.de

Waggonschlüssel

Glocke des Stationsvorstehers

Inhalt

Was ist eine Eisenbahn? 6
Die ersten Schienenbahnen 8
Die Zeit der Dampfkraft 10
Siegeszug der Dampflok 12
Wie eine Dampflok funktioniert 14
Erfolg in aller Welt 16
Amerikanische Eisenbahn 18
Eisenbahnbau 20
Hindernisse überwinden 22
Schienenstränge 24
Güterzüge 26
Erste, zweite, dritte Klasse 28
Stilvoll reisen 30
Im Stellwerk 32
Eisenbahnsignale 34
Post auf Schienen 36
Elektrifizierung 38
Dieselloks 40
Fernzüge 42
Königliche Züge 44
Rekordzüge 46
Auf dem Bahnhof 48
Bahnbetrieb 50
Dampfveteranen 52
Stolze Wappen 54
Untergrundbahnen 56
Wenn die Bahn in die Luft geht 58
Spielzeuge und Sammlerstücke 60
Die Zukunft der Bahn 62
Berühmte Zugfahrten 64
Chronik 66
Neugierig geworden? 68
Glossar 70
Register 72

Hallo!

Lass uns gemeinsam dein Lieblingsthema entdecken. Folge mir durchs Buch, denn ich hab dir ganz viel zu erzählen. Schau mal, ob du mich findest!

Was ist eine Eisenbahn?

Eine Eisenbahn ist ein Verkehrsmittel, dessen Fahrzeuge auf eisernen (heute stählernen) Schienen fahren. Dazu gehören auch Zahnrad- und Standseilbahnen. Spurbahnen gab es schon in der Antike (S. 8). Damals wurden Fuhrwerke in Spurrillen gezogen. In Deutschland benutzte man Spurbahnen im Bergbau, später mit hölzernen Schienen. Mitte des 18. Jahrhunderts wurden in England eiserne Schienen und Räder mit Spurkranz (Wulst) entwickelt. 1801 fuhr in England die erste öffentliche Pferdebahn, doch erst mit der Dampflokomotive trat die Eisenbahn ihren Siegeszug an. Neue Techniken eröffnen heute neue Möglichkeiten für schnellere und bequemere Züge.

↑ Muskelkraft

Für den Bau der ersten großen Eisenbahnlinien benötigte man ein Heer von Arbeitern, denn technisches Gerät stand kaum zur Verfügung. Die Gleisbauer mussten Trassen anlegen, Brücken spannen, Tunnel graben und Gleise verlegen – mit einfachsten Werkzeugen und ihrer bloßen Muskelkraft.

← Pendelverkehr

Gegen Ende des 19. Jh. war die Dampfeisenbahn ein gewohnter Anblick geworden. Mit ihr konnte die Landbevölkerung zur Arbeit und zum Einkaufen in die Stadt fahren. Umgekehrt reisten die Stadtbewohner zur Erholung aufs Land oder ans Meer.

Nachbau: Erste-Klasse-Waggon (1830) der Liverpool-Manchester-Linie

↑ Personenzüge

Die ersten Personenzüge waren wie offene Kutschen auf Schienen. Nach und nach bekamen die Wagen Licht, Heizung, Toiletten und Gänge. Für längere Strecken richtete man Speise- und Schlafwagen ein.

Dieselantrieb →

In den 1930er-Jahren kamen in Europa und den USA leistungsstarke Loks mit Dieselmotoren für den Personenverkehr auf die Schienen. Innerhalb von 10 Jahren hatten sie die Dampfloks verdrängt.

← Elektroantrieb

Elektrisch angetriebene U-Bahnen (S. 56–57) gibt es seit Ende des 19. Jh. Der Strom wird von Oberleitungen oder einer Stromschiene abgenommen. Elektrische Züge sind leiser und umweltverträglicher als Dampf- und Dieselloks.

Gütertransport ↑

Die ersten Züge waren Güterzüge und transportierten v. a. Kohle (S. 26–27). Auch heute ist die Bahnfracht noch von Bedeutung, obwohl sich der Güterverkehr weltweit sehr stark von der Schiene auf die Straße verlagert hat.

Lokomotiven ↓

Züge befördern Passagiere oder Fracht – manchmal auch beides. Sie fahren auf Schienen und ihre Räder sind mit Spurkränzen versehen, die ihnen Halt geben. Die ersten Züge wurden von Dampfloks wie der *Rocket* von 1829 gezogen. Heute sind fast nur noch Diesel- und Elektroloks im Einsatz.

Nachbau der *Rocket* („Rakete"), Robert Stephensons erster Lokomotive (1829)

Die ersten Schienenbahnen

Schienenbahnen gab es lange vor der Erfindung der Dampfmaschine. Sie wurden mit Menschen- oder Pferdekraft bewegt. Die heutige Eisenbahn entwickelte sich aus den Bahnen, die man in Europa Mitte des 16. Jahrhunderts im Bergbau einsetzte. Auf Holzbohlen transportierten vierrädrige Karren ihre Fracht, die von einem hölzernen Spurnagel an der Unterseite geführt wurden. Für die Eisenbahn wurden andere Spurführungen entwickelt. Entweder hielten Leitkanten auf den Schienen die Räder in der Spur, oder die Räder hatten Wülste (Spurkränze), die sie auf glatten Schienen sicher führten (S. 24–25).

↑Antike Spurrillen
In einigen Mittelmeerländern sind antike Spurrillen für Fuhrwerke erhalten. Schon die frühen Hochkulturen der Babylonier und Sumerer nutzten gepflasterte Straßen. Weil sie aber zu uneben waren, schlug man Spurrillen hinein, um die Räder zu führen. Diese römische Pflasterstraße mit Spurrillen ist in Pompeji.

Pferdetransporter für die Fahrt bergab

Pferdewagen↑
Die ersten Schienenbahnen in England dienten zum Kohletransport vom Bergwerk zum nächstgelegenen Fluss. Die Pferde, die die leeren Loren wieder zum Bergwerk zurückzogen, fuhren bergab kräfteschonend im Wagen.

Kutschen↑
Vor der Eisenbahn waren Kutschen die schnellsten Transportmittel. Es gab ein Netz von Stationen, an denen die Pferde gewechselt wurden. Die Reisegeschwindigkeit betrug etwa 11 km/h.

↑Menschenkraft
Dieser Stich von 1752 ist die erste Abbildung einer englischen „Eisenbahn" und zugleich der erste Beleg für den Gebrauch von Rädern mit Spurkranz in England. Die Wagen werden von einem Mann vorwärts bewegt.

↑ Japanische Pferdebahnen

Wie hier in Japan waren bis Anfang des 20. Jh. überall auf der Welt Pferde im Einsatz, um Personen- und Güterwagen zu ziehen.

← Schwer beladen

Mit dieser englischen Eisenbahn von 1815 wurde Kohle ausgeliefert. Die Schienen bestanden aus Gusseisen und die Räder hatten Spurkränze. Die Wagen wurden von Pferden gezogen.

Deutsche Pferdebahn ↓

In Deutschland gab es schon seit dem 18. Jh. Pferdebahnen. Aber die erste Dampflok fuhr hier erst 1835 (S. 16–17).

Bergab →

Dieser voll beladene Kohlewagen ist auf dem Weg zum Frachter. Der Bremser passt auf, dass es nicht zu schnell geht, und führt das Pferd am Zügel.

Chaldron →

Chaldron nannte man den hölzernen Kohlewagen, der in den Kohlerevieren Nordostenglands die Kohle vom Bergwerk zum Fluss Tyne beförderte. Der Wagen hatte unten eine Klappe und die Kohle fiel direkt in den Laderaum des Lastkahns.

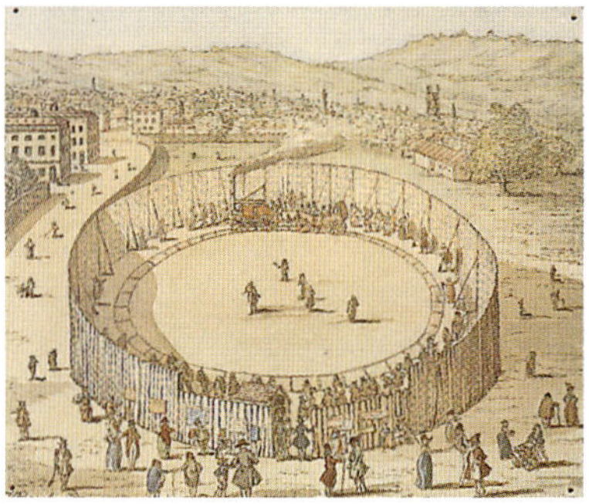

↑Zugzirkus
Dieser Stich zeigt die erste Lokomotive, die man in London (England) wie eine Zirkusattraktion bewunderte. Sie wurde 1808 von Richard Trevithick (1771–1833) gebaut und zog einen vierrädrigen Wagen im Kreis herum.

Die Zeit der Dampfkraft

Nach der Erfindung der ersten praktisch brauchbaren Dampfmaschine durch James Watt (1769) versuchten Ingenieure, diese für Fahrzeuge zu nutzen. Erst Anfang des 19. Jahrhunderts kamen die ersten Dampflokomotiven zum Einsatz. Aber es gab noch viele Probleme zu lösen: Die Lokomotiven sollten stark sein, um schwere Lasten zu ziehen, andererseits aber möglichst wenig Lärm und Rauch machen. Und wie sollten die Eisenräder Halt finden auf den glatten Eisenschienen, die überdies dem Gewicht der Lok standhalten mussten?

Das erste Automobil↑
Der Franzose Nicholas Cugnot (1725–1804) stellte 1769 in Paris (Frankreich) das erste sich selbst bewegende Fahrzeug (Automobil) der Welt vor. Das dampfgetriebene Gefährt war etwa 4 km/h schnell, aber kaum zu lenken.

↓Modell 1808
Diese Nachbildung wurde nach Zeichnungen von Trevithicks Lok von 1808 angefertigt. Der englische Ingenieur hatte 1804 die erste „arbeitsfähige" Lokomotive der Welt gebaut. Sie konnte mit einer Geschwindigkeit von 6–8 km/h eine Last von 10 t ziehen.

Leitkanten sorgen für Spurführung.

↑Watts Dampfmaschine
Mit dieser Dampfmaschine, die James Watt 1769 erfand, wurde Wasser aus Bergwerken abgepumpt. Dampf treibt den Kolben im Zylinder nach oben und kondensiert, sodass der Luftdruck den Kolben wieder zurücktreibt. Anschließend strömt neuer Dampf ein. Der Kolben treibt über ein Gestänge ein Schwungrad an, das über eine Kurbelwelle mit der Pumpe verbunden ist. Für Lokomotiven war die Maschine allerdings zu groß.

←Zu Wasser und zu Land

Das erste amerikanische Fahrzeug mit Eigenantrieb war dieses Boot auf Rädern, das der Schmied und Bootsbauer Oliver Evans 1804 fertigstellte.

Verkehrs-Chaos↑

1828 zeichnete ein englischer Karikaturist seine Vision von Londons Straßen: Dampffahrzeuge beherrschen den Verkehr.

Zahn in Zahn→

Mit dem Zahnradantrieb sollte das Rutschen glatter Räder auf glatten Schienen verhindert werden. Der Stich von 1812 zeigt eine Lokomotive, deren Antriebszahnrad in die Zahnschiene neben den Schienen eingreift.

Kohleschaufel der *Puffing Billy*

Puffing Billy↓

1813 baute William Hedley (1779–1843) in Nordengland diese Lokomotive, die den Namen *Puffing Billy* erhielt. Sie transportierte Kohle über eine 8 km lange Strecke vom Bergwerk zum nächsten Fluss und lieferte dabei den Beweis, dass glatte Antriebsräder sehr wohl genügend Halt auf glatten Schienen finden können.

***Puffing Billy* ist eine der beiden ältesten original erhaltenen Dampflokomotiven der Welt.**

Siegeszug der Dampflok

Der Engländer George Stephenson (1781–1848), der „Vater der Eisenbahn", erkannte die Bedeutung der Dampflokomotiven. Mit seinem Sohn Robert gründete er 1823 in Newcastle die erste Lokomotivfabrik der Welt und verkaufte seine Dampfloks in viele Länder. Ihre Kraft, die einfache und robuste Bauart und ihre Zuverlässigkeit verhalfen der Dampflok bereits bis Mitte des 19. Jahrhunderts zu einem Siegeszug, der erst von dieselelektrischen und Elektroloks gestoppt wurde (S. 38–41).

Polnische Briefmarke mit einer Lokomotive von Robert Stephenson

Dampfkraft für das Volk ↑

Auf der Strecke Stockton–Darlington (England) wurde 1825 der erste öffentliche Güterverkehr mit Dampfloks in Betrieb genommen. Fahrgäste wurden vorerst weiter mit Pferdekutschen befördert. Ab 1833 übernahmen Loks auch den Personenverkehr.

↑ Bester Freund

Die erste erfolgreich in den USA eingesetzte Dampflokomotive, *Best Friend of Charleston*, nahm 1830 ihren Dienst auf und sorgte für die erste regelmäßige Bahnverbindung des Landes.

Freikarte (Elfenbeingravur, um 1830)

Eisenbahndirektoren bekamen lebenslang gültige Freifahrkarten.

Gold-Email-Freifahrplakette (um 1850)

Die schnelle Novelty ↓

In Wettrennen wollte man feststellen, welche Lok sich am besten für die neue Linie Liverpool–Manchester (England) eignete. Riesige Menschenmengen verfolgten die Wettrennen, bei denen die *Novelty* gewann. Sie erwies sich später jedoch als sehr pannenanfällig.

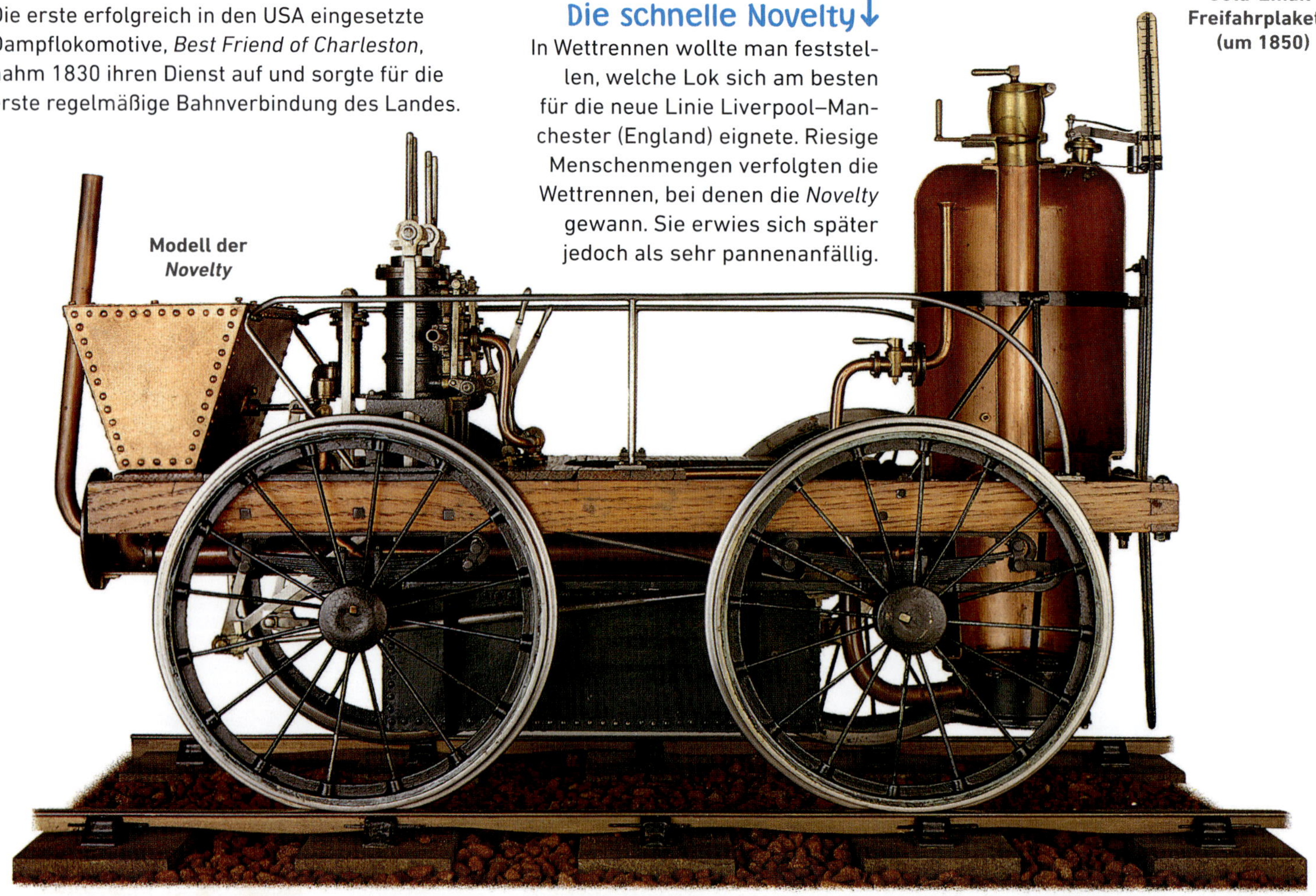

Modell der *Novelty*

Europa unter Dampf →

Bald fuhren in ganz Europa Dampfloks. Die erste deutsche Eisenbahn verkehrte 1835 zwischen Nürnberg und Fürth, die Linie Leipzig–Dresden (rechts) wurde 1839 eröffnet.

Durch die Weiten Amerikas ↑

Seit Mitte des 19. Jh. dampften Personenzüge auch durch die USA. Amerikanische Lokomotiven hatten charakteristische Stirnlampen, „Kuhfänger“ und Signalglocken.

Robert Stephenson

← Der „Fliegende Schotte“

In den 1920er-Jahren gab es viele berühmte Fernschnellzüge, etwa den Orientexpress oder den *Flying Scotsman*, der auf der 633 km langen Strecke London–Edinburgh (Schottland) verkehrte.

Siegeszug ↓

Die *Rocket* ist eine der berühmtesten Lokomotiven der Welt. Sie gewann 1829 das Rennen auf der Liverpool-Manchester-Linie bei Rainhill (England). Der Siegeszug der Dampflok war unaufhaltsam.

Die *Rocket*, Stephensons Lokomotive von 1829

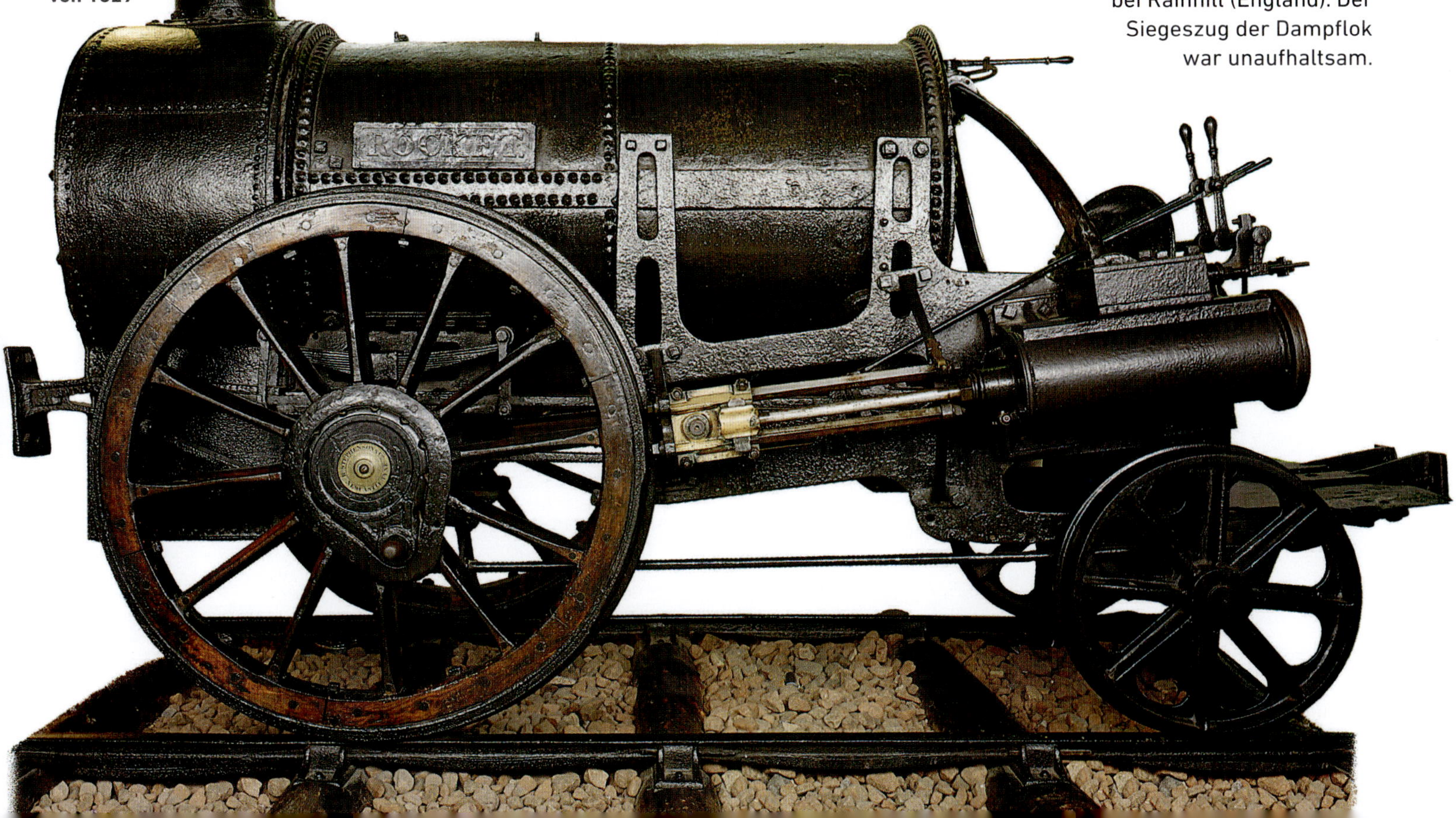

Wie eine Dampflok funktioniert

Seit dem Bau der ersten Dampflokomotiven ist das technische Grundprinzip dieser Maschinen praktisch unverändert geblieben: Mit einem Feuer wird im Kessel Wasserdampf erzeugt, der die Kolben in den Zylindern hin- und herbewegt. Diese Bewegung wird über Kurbelwellen und Pleuelstangen auf die Antriebsräder übertragen.

Viele Räder↓

Diese Lokomotive hat vier nicht angetriebene Laufräder vorn, sechs Antriebsräder und zwei nicht angetriebene Laufräder hinten.

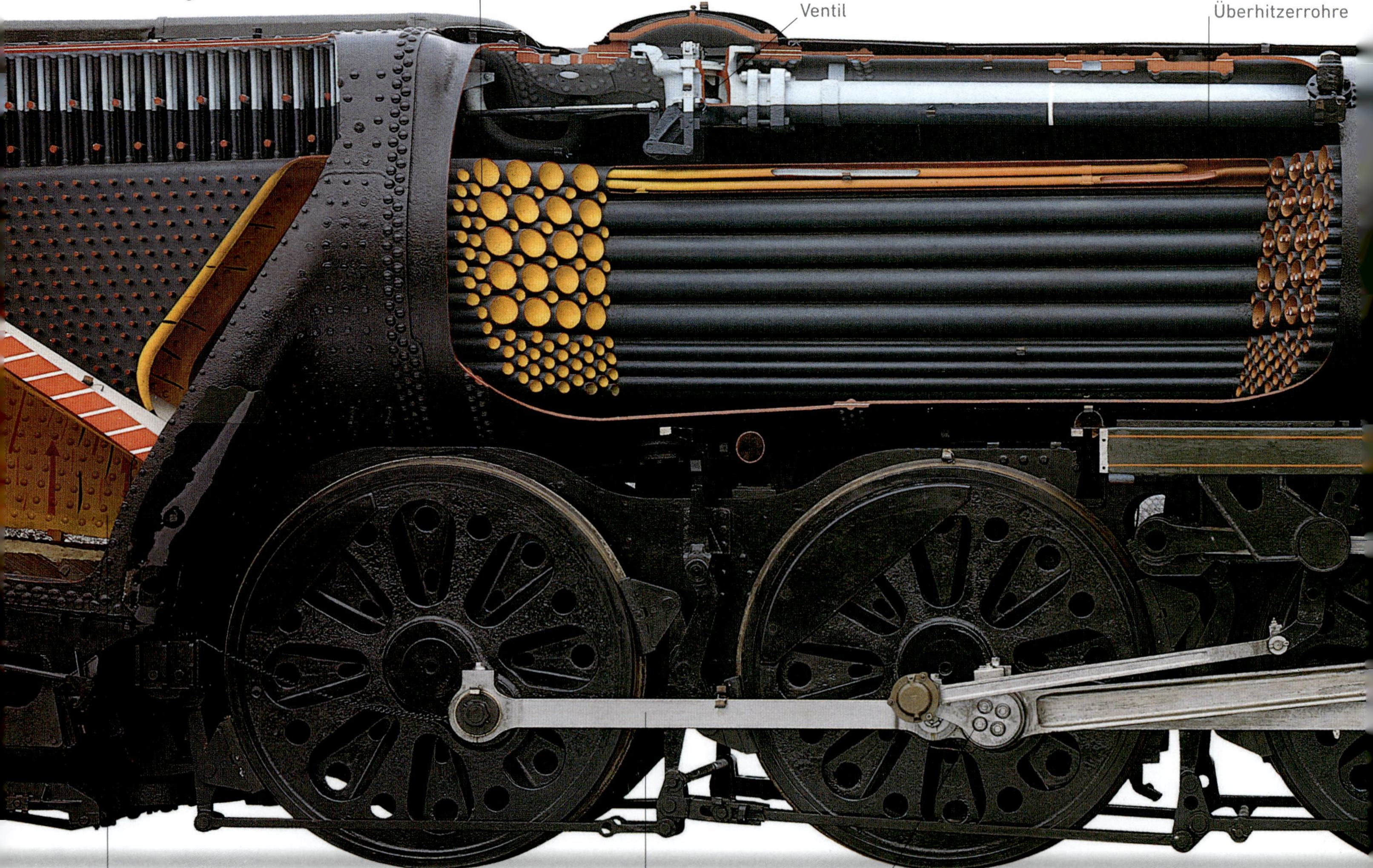

Im Führerhaus →

Eine Dampflok war mit einem Lokführer und einem Heizer besetzt. Der Lokführer kontrollierte und regelte über den Steuerschieber und die Bremsen die Geschwindigkeit des Zugs entsprechend den Streckensignalen. Der Heizer sorgte v. a. für gleichmäßigen Dampfdruck, indem er beständig die Feuerbüchse mit Kohle aus dem Tender beschickte und Wasser in den Kessel nachfüllte.

← Innenleben

Der heiße Rauch aus der Feuerbüchse zieht durch die 150–180 Rohre des wassergefüllten Langkessels nach vorn in die Rauchkammer und von da in den Schornstein. Der entstehende Nassdampf gelangt durch ein Ventil in den Dampfdom und wird von dort in Überhitzerrohre geleitet, weiter erhitzt („getrocknet“) und dann in die Zylinder geführt. Dort bewegt er den Kolben hin und her. Über Treibstange und Kurbel treibt dieser die Antriebsräder an. Aus den Zylindern wird der Dampf über Blasrohr und Schornstein ins Freie entlassen.

Erfolg in aller Welt

Nach der Eröffnung der ersten Eisenbahnlinie 1830 in England bauten viele Länder eigene Bahnnetze auf – zuerst mit Lokomotiven, Wagen und Gleisanlagen aus England. Dann begann man Züge und Anlagen im eigenen Land herzustellen. Beim Lokomotivbau konnte England jedoch lange den Vorsprung halten. Die Eisenbahn schuf neue Bedingungen für Handel und Verkehr. So konnte auch der riesige nordamerikanische Kontinent erschlossen werden (S. 18–19).

Die Erste →
In Deutschland fuhr die erste Dampflok, der *Adler*, 1835 von Nürnberg nach Fürth.

↑ Indische Dampflokomotive
Indien war bis 1947 britische Kronkolonie. Das bedeutete auch, dass das gesamte indische Eisenbahnnetz von England aufgebaut und betreut wurde. Auch Lokomotiven wie das oben abgebildete Modell kamen aus England.

↑ Eisenbahn in Fernost
Seit 1872 fuhr die Eisenbahn auch in Japan. Auf dem zeitgenössischen Farbholzschnitt werden moderne und traditionelle Verkehrs- und Transportmittel gegenübergestellt.

← Pariser Bahn

Die erste französische Bahn fuhr 1837 von Paris nach Saint-Germain. Das Gemälde zeigt dieses Ereignis.

↑ Für die endlosen Weiten Chinas

Diese mächtige Lokomotive wurde um 1935 in England für China entwickelt und gebaut. Sie ist höher und hat eine breitere Spur als europäische Loks. Der große Tender fasste Kohle und Wasser für die Fahrt durch das riesige Land.

← Aus den USA

Die Fabrik von William Norris in Philadelphia lieferte Loks weltweit. Diese von 1843 war für steile, kurvenreiche Strecken in Österreich.

Viel stärkere „Verwandte“ dieser Beyer-Garratt-Lokomotive fahren heute noch durch Afrika. Auch in Australien, Indien und England kamen diese Loks zum Einsatz.

← Exportmodell

Diese erste Gelenklokomotive wurde 1909 in England für Tasmanien/Australien gebaut. Sie hatte ein Triebgestell hinten und ein zweites – bewegliches – vorn und eignete sich besonders für kurvenreiche Strecken.

Amerikanische Eisenbahn

Das neue Verkehrs- und Transportmittel Eisenbahn hat die Geschichte und Entwicklung der USA stärker beeinflusst als die anderer Länder. In Europa verband die Eisenbahn schon bestehende Städte, in den USA entstanden an den Eisenbahnlinien erst viele neue Zentren. Bereits 1869 konnte man den Kontinent mit der Bahn durchqueren und Anfang des 20. Jahrhunderts lebte kaum jemand weiter als 40 Kilometer von der nächsten Bahnstrecke entfernt. Dann ging es durch Auto und Flugzeug abwärts mit der Bahn. Heute wird sie wieder attraktiver, weil der Verkehr in den Ballungszentren und die Umweltverschmutzung zum Umdenken zwingen.

↑ Der goldene Nagel

Am 10. Mai 1869 wurde der letzte Nagel am Verbindungsstück der Union Pacific und der Central Pacific Railroad eingeschlagen. Er war aus Gold.

Die Ansaugwirkung des hohen Schornsteins erhöhte die Leistung der Maschine. Aber: keine niedrigen Durchfahrten auf der Strecke!

Die erste Beidseitige ↑

Stourbridge Lion hieß die erste Dampflokomotive der USA, deren Räder beidseitige Spurkränze hatten. Sie war 1829 in England gebaut worden und ähnelte der *Agenoria* (oben).

Wettlauf ↑

Diese Mini-Lok startete 1830 zu einer ersten Eisenbahnversuchsfahrt auf der Baltimore-Ohio-Linie. Bei einem späteren Wettrennen mit einer Pferdebahn (Bild) gewann das Pferd.

←Kutschen auf Schienen

Den ersten amerikanischen Reisezug zog 1831 die *De Witt Clinton* durch den Staat New York. Die Waggons waren wie Kutschen, die Passagiere saßen im Wagen oder auf dem Dach.

Mit Volldampf in die Zukunft→

Der Ausbau des Eisenbahnnetzes erschloss den gesamten nordamerikanischen Kontinent. Für die Gründung und das Wachstum vieler Städte spielte die Bahn eine große Rolle.

Unruhige Zeiten↑

Als der Bau der Eisenbahn weiter und weiter nach Westen vorangetrieben wurde, griffen oft Indianer die Züge an, um ihre Lebensweise und ihr Land zu verteidigen. Denn mit der Eisenbahn kamen die Weißen, die die Indianer ohne Entschädigung enteigneten und von Grund und Boden verjagten.

John Bull↑

Diese vierrädrige Lokomotive wurde 1831 nach Plänen von Robert Stephenson gebaut. In Einzelteile zerlegt wurde sie von England in die USA verschifft. Da sie leicht entgleiste, stattete man sie mit einer zusätzlichen Gelenkachse und einem Kuhfänger aus.

Kuhfänger↑

Die Schienenstränge waren nicht durch Zäune geschützt und große Tiere wie Bisons konnten eine Lokomotive zum Entgleisen bringen. Der Kuhfänger schob sie beiseite, Signalglocke und -pfeife warnten frühzeitig.

Diese Modell-Lok ist einer Lokomotive von 1875 nachgebildet.

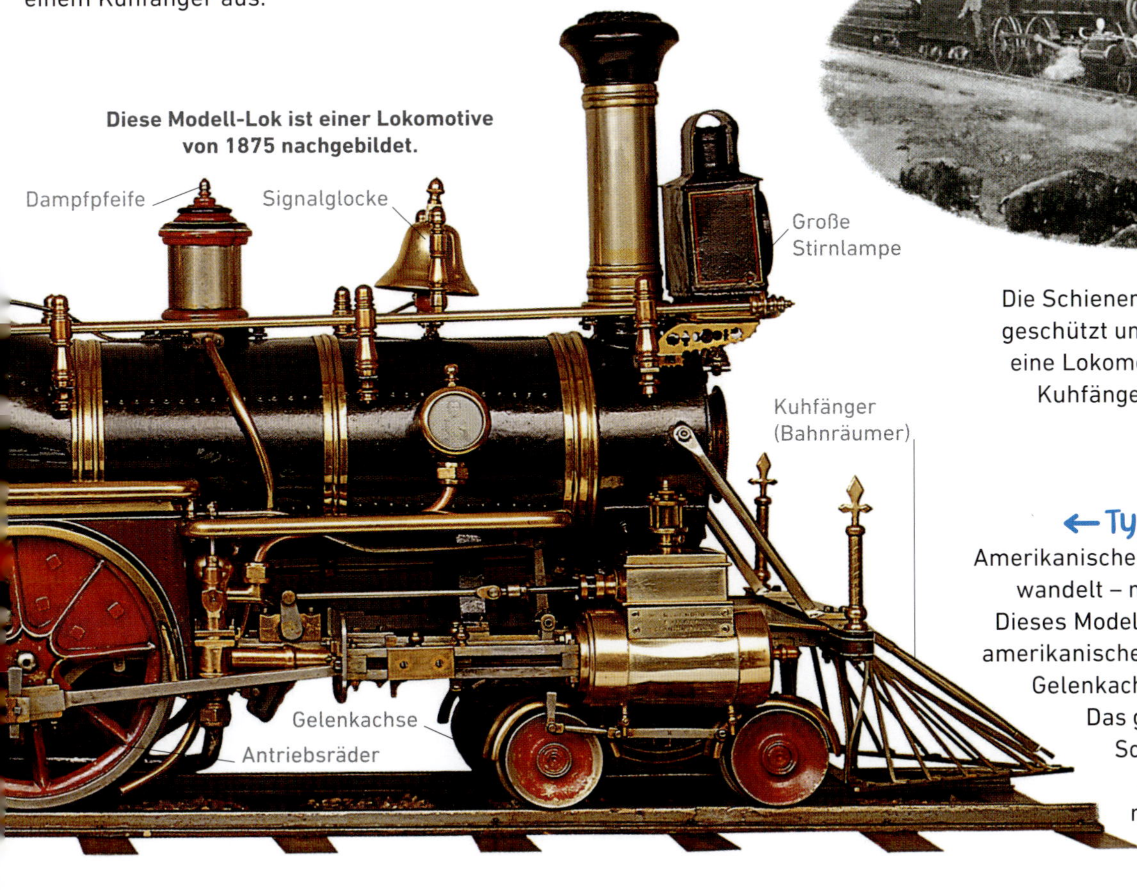

←Typisch amerikanische Lok

Amerikanische Lokomotiven wurden – z. T. abgewandelt – nach britischer Bauart hergestellt. Dieses Modell einer Lok von 1875 trägt typisch amerikanische Züge: Außenzylinder, vierrädrige Gelenkachse, Kuhfänger, große Stirnlampe. Das große Führerhaus gewährte mehr Schutz gegen Wind und Wetter. Frühere amerikanische Loks wurden mit Holz gefeuert, diese mit Kohle.

Arbeitspickel

Eisenbahnbau

Der Bau einer Eisenbahnstrecke ist oft sehr aufwendig. Lokomotiven können nur Steigungen bis zu einem gewissen Grad bewältigen. Daher kann man nicht immer den direkten Weg wählen, sondern muss auf weniger steile, aber längere Strecken ausweichen. Will man die Strecke möglichst eben bauen, muss man Trassen, Einschnitte, Brücken und Tunnel anlegen. Auch mit welcher Geschwindigkeit und welcher Last gefahren werden soll, spielt eine Rolle. Tunnel und Brücken verhindern, dass die Strecken zu lang werden – aber sie sind sehr teuer.

Harte Arbeit →

Mit einfachem Werkzeug wie solchen Pickeln wurden die ersten Bahnstrecken gebaut. Schaufeln, Holztragen, einfache Winden und Holzgerüste gehörten ebenfalls zur Ausstattung der Bautrupps. Später benutzte man Schießpulver zum Sprengen von Fels. Ebenso einfach wie das Werkzeug waren die provisorischen Behausungen der Arbeiter entlang der Strecke.

Schweißtreibend ↑

Auch für so tiefe Einschnitte in die Landschaft standen anfangs nur menschliche Arbeitskraft und einfache Werkzeuge zur Verfügung. Zahlreiche Arbeiter quälten sich oft jahrelang damit, das Gestein auszubrechen, das für den Bahndammbau weiterverwendet wurde.

Amerikanischer Bautrupp (1885)

← Der Bautrupp

Die amerikanische Eisenbahn wurde von Trupps gebaut, die in Waggons auf der Strecke kampierten. Der Zug transportierte die Männer bis zur jeweiligen Baustelle. Er war beheizt und es gab heißes Wasser. Verpflegung und Schienen wurden von anderen Zügen herbeigeschafft. Erde und Steine aus Einschnitten verwendete man an anderer Stelle für den Bahndamm. Das Holz für die Brücken wurde meist an Ort und Stelle geschlagen.

Brückenbau ↓

Wenn man eine Brücke über einen Fluss bauen wollte, musste man zuerst in der Flussmitte eine künstliche Insel anlegen oder dort Stützpfeiler setzen. Dann ließ man die Brückenteile flussabwärts in Position treiben. Bei dieser frühen Bogenbrücke ist auch das tragende Gestell aus Holz. Die Bögen wirken dem Druck entgegen, der die Brückenmitte am stärksten belastet. Diese Brückenform wurde in Amerika sehr häufig verwendet und später einfach für Eisenkonstruktionen übernommen.

Modell einer hölzernen Bogenbrücke von 1848

Die Royal-Albert-Brücke bei Plymouth (England) wurde 1859 von Brunel gebaut.

←Eisenbahnbrücken

Die Form einer Brücke hängt von den geografischen Gegebenheiten ab. Die einfachste und häufigste Form ist die Balkenbrücke. Tiefe Schluchten und breite Flusstäler werden von Bogenbrücken überspannt. Für diese Brückenform wurde zum ersten Mal Stahl verwendet, während davor Holz (v. a. für Fachwerkbrücken) und Stein zum Einsatz gekommen waren. Große Konstruktionen wie die angloamerikanischen Auslegerbrücken wurden aus Stahl (S. 23) gebaut.

Brunel↑

Der Engländer Isambard Kingdom Brunel (1806–1859) war ein außergewöhnlich begabter Ingenieur. Er baute Schiffe, Eisenbahnen und Brücken.

Tunnel unterm Meer→

Der Tunnel unter dem Ärmelkanal, der England mit Frankreich verbindet, ist 50,4 km lang, davon verlaufen 38,6 km unter Wasser. Riesige Bohrmaschinen, so groß wie der Tunneldurchmesser, fraßen sich beim Bau von beiden Seiten durch den Meeresboden. Seit 1994 fahren Züge durch die zwei Röhren des Eurotunnels.

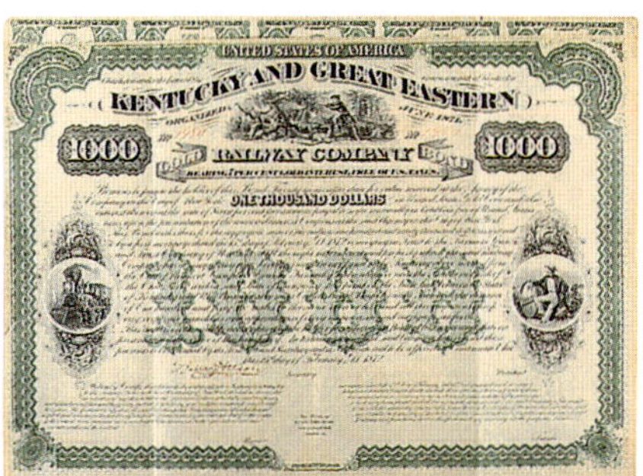

←Wer soll das bezahlen?

Mit der Ausgabe von Aktien und Anleihen verschafften sich die Eisenbahngesellschaften das gewaltige Kapital zum Bau der Eisenbahn. Aus wirtschaftlichem und militärischem Interesse beteiligte sich in vielen Ländern der Staat und übernahm oft die Eisenbahn in eigener Regie. Dieses festverzinsliche Wertpapier der amerikanischen Regierung war 1000 Dollar wert.

Am Bahnhof↑

In Personenbahnhöfen (S. 48–49) wurden nach und nach viele Dienstleistungen für ankommende und abfahrende Reisende angeboten.

Brücken über große Flüsse müssen genügend Durchfahrtshöhe für Schiffe bieten.

↑ Über den Hafen von Sydney
Die längste Stahlbogenbrücke der Welt, 1932 fertiggestellt, spannt sich 503 m über den Hafen von Sydney (Australien) – eindrucksvoll vor der Skyline der Stadt. Sie führt heute zwei Eisenbahngleise, eine achtspurige Straße sowie einen Geh- und einen Radweg.

Hindernisse überwinden

Als die Eisenbahnnetze ausgebaut wurden, stieß man auf viele Schwierigkeiten, vor allem Hindernisse wie tiefe Täler und Schluchten, Gebirge, breite Flüsse und Seen. Der Fortschritt der Technik machte es möglich, immer größere Brücken zu bauen, auch in schwierigem Gelände. Mit der Zeit wurden zudem die Lokomotiven stärker, sodass es heute kaum noch technische Probleme gibt.

Stark und wendig ↓
Für Steigungen im Gebirge benötigte man starke Lokomotiven, die aber nicht zu schwer sein durften und auch kurvenreiche Strecken bewältigen sollten. Bewegliche Achsen lösten das Problem: Unter dem Rahmen wurden vorn und hinten frei bewegliche Drehgestelle angebracht, die für die nötige Beweglichkeit in Kurven sorgten.

Modell einer Kitson-Meyer-Tenderlokomotive von 1903 (Einsatzland: Chile)

Zugfahren gibt es seit Mitte des 19. Jahrhunderts. Das ist ziemlich praktisch: Die Reisenden müssen nicht aus- oder umsteigen.

↑Bequem zum Gipfel

Zahnrad- und Zahnstangensysteme machten es möglich, dass schon 1873 die erste – damals noch dampfgetriebene – Bahn Europas auf das Rigi-Massiv am Vierwaldstätter See (Schweiz) fuhr.

Bergbahn↑

Bahnausflüge in die Berge waren schon Ende des 19. Jh. eine Touristenattraktion. Am Gipfel des Snowdon in Wales öffnete 1896 eine Zahnradbahn.

←Monument aus Stahl

1890 fuhr der erste Zug über diese älteste Auslegerbrücke über den Firth of Forth nordwestlich von Edinburgh in Schottland. Sie ist heute noch in Gebrauch.

Diese Lok hatte zwar nur einen Kessel, aber je ein Triebwerk (mit eigenem Schornstein) auf den beiden Drehgestellen. Das machte sie stark und wendig zugleich.

Drehgestell mit Triebwerk für enge Kurven

Die erste Zahnradbahn↑

1869 wurde am Mount Washington im US-Bundesstaat New Hampshire die erste Zahnradbahn der Welt eröffnet. Sie wird heute noch mit Oldtimer-Loks betrieben. Die Bahn hat eine Steigung von 33 % zu bewältigen – für normale Züge stellen bereits 3 % Steigung eine hohe Anforderung dar.

Schienenstränge

↑ Gleiswirrwarr
Wenn man sich im Zug einem großen Bahnhof nähert, wird das Gewirr der Gleise immer größer. All die Gleise und Weichen werden gebraucht, um die Züge leiten zu können.

Von der Beschaffenheit der Gleise hängt es ab, welche Züge darauf fahren können. Pferdebahnen benötigten noch keine besonders tragfähigen Gleise. Bei den ersten Dampfloks dagegen brachen nicht selten die gusseisernen Gleise unter dem Gewicht und wurden daher bald gegen schmiedeeiserne ausgetauscht. Seit den 1870er-Jahren verwendet man Stahl. Man ging dazu über, aneinanderstoßende Schienen nahtlos zu verschweißen, wodurch das Rattern der Räder fast verschwand. Der Abstand zwischen den Schienen, die Spurweite, ist von Land zu Land nicht immer gleich.

Gleisbau ↑
Zu Beginn des Bahnzeitalters war der Gleisbau harte Arbeit für vielköpfige schlecht bezahlte Baukolonnen. Verglichen mit der heutigen fast vollautomatischen Gleisverlegung, war das damalige Werkzeug sehr einfach.

Stück einer alten Weiche mit Leitkante

Weichen ↑
Schon im Bergwerk war es nötig, dass die Grubenwagen einander aus „weichen" konnten, indem sie das Gleis wechselten. Dazu wurden Weichenstücke der oben gezeigten Art eingebaut.

Schienenprofile ↓
Nach vielen Experimenten fanden Ingenieure das geeignetste Schienenprofil: das der Breitfußschiene.

Bullenkopfprofil (1870)

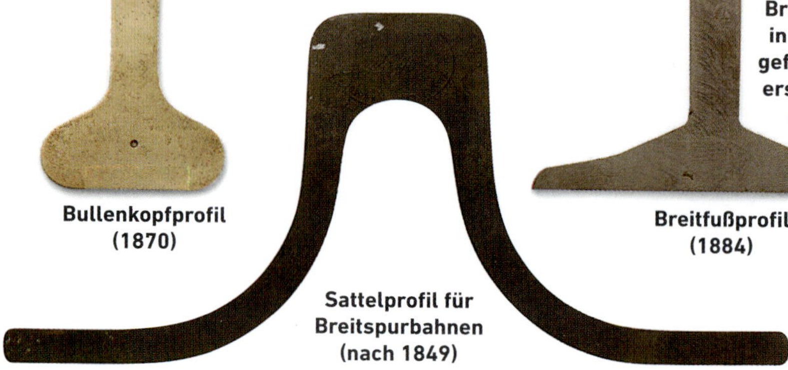

Sattelprofil für Breitspurbahnen (nach 1849)

Ab Mitte des 19. Jh. wurde die Breitfußschiene in England eingeführt, weltweit erst gegen Ende des 19. Jh.

Breitfußprofil (1884)

↑ Winkelschiene (1808)

Die ersten gusseisernen Winkelschienen waren aus kurzen Stücken zusammengesetzt und lagen auf Steinschwellen.

← Fischbauchschienen

Diese Gusseisenschienen trugen die ersten Dampfloks der Welt. Das nach unten verstärkte Mittelteil fing den Druck besser auf.

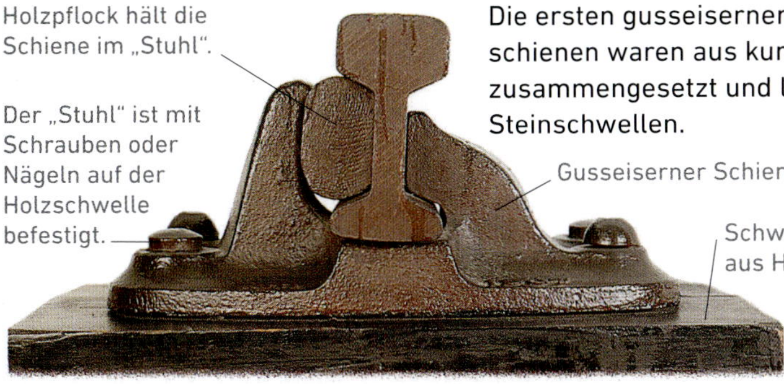

↑ Bullenkopfschiene

Dieses Profil wird im Schienenstuhl gehalten, der auf Holzschwellen geschraubt oder genagelt wird.

← Gleise im Film

Die Eisenbahn hat Filmemacher von Anfang an fasziniert. Dieses Bild aus der Frühzeit des Kinos spricht für sich.

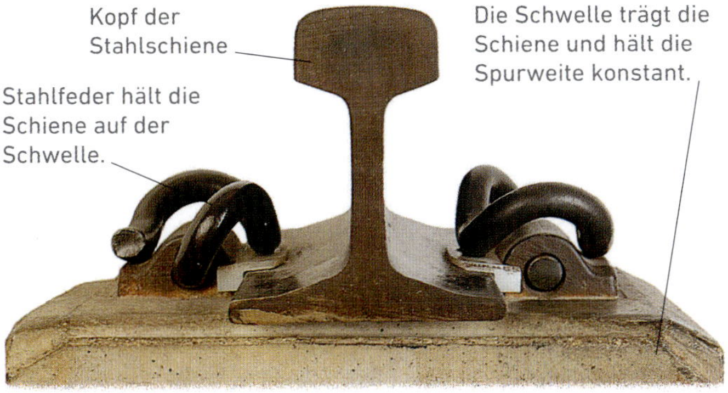

↑ Breitfußschiene

Die heute gebräuchliche Breitfußschiene besteht aus Stahl, hat eine Gummiunterlage und ist mit Stahlfedern auf einer Schwelle aus Holz oder Beton befestigt.

Spurwechsel →

Früher hielten die Züge oft unterwegs, weil die anschließende Strecke eine andere Spurweite hatte. Besonders mit viel Gepäck war das Umsteigen mühsam.

← Spurweite

Zum Nachmessen der Spurweite dienten solche Messstäbe. Der Abstand wurde von Innenkante zu Innenkante der Schienen gemessen. Heute beträgt die Normalspur in den meisten europäischen Ländern und in Nordamerika einheitlich 1435 mm. Bei Schmal- und Breitspurbahnen gibt es keine einheitlichen Spurweiten.

↑ **Autos auf Schienen**
Seit etwa 1820 wird sperrige Fracht auf der Schiene transportiert. Die Briefmarke der DDR zeigt verladene Autos.

Güterzüge

Die ersten Güterzüge transportierten Kohle- und Erzladungen in den Bergwerken. Sie hatten nur zwei oder drei einfache Wagen und wurden von einem Pferd gezogen. Seit es Dampflokomotiven gab (S. 10–11), fuhren auch längere und schnellere Güterzüge, und der Gütertransport auf der Schiene wurde wirtschaftlich interessant. Mit der Zeit wurde das Eisenbahnnetz so ausgebaut, dass Rohstoffe direkt zu den Fabriken gebracht und dort die fertigen Produkte abgeholt werden konnten.

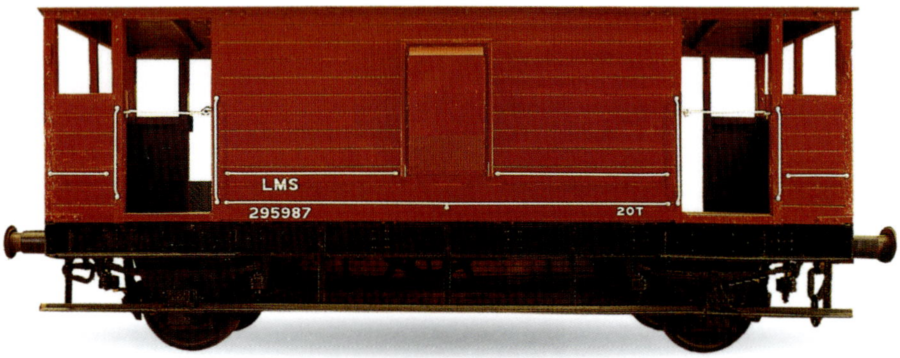

↑ **Bremserhaus**
Erst 1918 wurde in Preußen die durchgängige Luftdruckbremse für Güterzüge eingeführt. Bis dahin hatten lediglich einige wenige Waggons Bremserhäuschen mit schwachen Handbremsen. Der Zug wurde allein durch die Lok gebremst, man fuhr deshalb nicht schneller als 50 km/h.

↑ **Fracht und Passagiere**
Die ersten öffentlichen Züge um 1830 waren gemischte Personen- und Güterzüge. Dabei wurde jede Art von Fracht, auch Vieh, mitgeführt.

← **Güterverteilung**
Heute transportieren Güterzüge Waren in großen Containern. Diese haben alle die gleiche Größe, um sie einfach stapeln und vom Zug aus auf Schiffe, Lkw oder Flugzeuge laden zu können.

Dieselkraft →
Ab 1939 bewiesen dieselelektrische Loks ihre Überlegenheit und verdrängten die Dampflok.

↑ **Minimale Sicherheit**
Lange Zeit wurden Güterwaggons nur mit kurzen Ketten verbunden. Die lange Stange mit Haken machte diese Arbeit etwas sicherer.

Transportwaggon der Kohlezeche Stanton in Nordengland

↑ Kohlewaggon

Ein Großteil der britischen Güterzüge beförderte Kohle. Sie wurde meist in lorenartigen Waggons transportiert, die den Kohlezechen gehörten und etwa 10 t Ladung fassten. Sie wurden von oben automatisch beladen, mussten aber häufig noch mit Schaufeln entladen werden.

← Vielseitig

Heutige Güterzüge transportieren Schüttgüter wie Kohle, Erz und Sand in Selbstentladewaggons. Wichtig sind zudem Containerwaggons.

Schlusslicht ↑

Jeder Zug hat eine Schlussleuchte, die anzeigt, dass die Wagen vollzählig sind.

← Milchtank

Mit der Eisenbahn konnten frische Lebensmittel in die Städte gebracht werden. Milch wird in glasbeschichteten Tanks transportiert.

Erste, zweite, dritte Klasse

Anfangs waren Bahnreisen nicht so komfortabel wie heute. Reisenden erster Klasse stand ein Abteil mit Fenstern und Polstersitzen zur Verfügung. Die Waggons der zweiten Klasse hatten Bänke. In die offenen Wagen regnete es hinein, es war rußig und kalt. In den offenen Waggons der dritten Klasse gab es nicht einmal Bänke. Später glich sich die Ausstattung mehr und mehr an, die Waggons bekamen Heizung und Gänge, durch die man während der Fahrt zur Toilette und zum Speisewagen gelangen konnte.

↑ Unter sich
In der ersten Klasse hatte man Platz, saß bequem und konnte sich ungestört unterhalten. Im 19. Jh. waren Eisenbahnreisen noch ein aufregendes Abenteuer.

Fahrkarte 1. Klasse (USA)

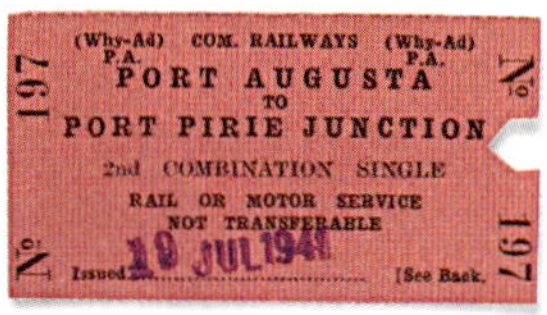

Fahrkarte 2. Klasse (Australien)

Fahrkarte 3. Klasse (England)

↑ Die Fahrkarten, bitte!
Ähnlich wie diese sahen die allerersten Fahrkarten von 1837 aus.

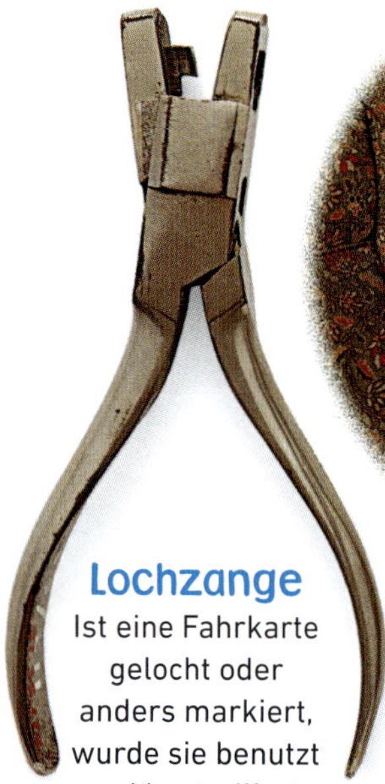

Lochzange
Ist eine Fahrkarte gelocht oder anders markiert, wurde sie benutzt und kontrolliert.

Erste-Klasse-Abteil ↑
Die Abteile des unten abgebildeten Waggons von 1904 haben in jeder Klasse dasselbe Grundmuster. In der ersten Klasse sind die Sitze jedoch größer und bequemer und die Reisenden haben mehr Beinfreiheit.

← Die Anfänge
Bilder der 1830er-Jahre zeigen geschlossene Waggons der ersten und die offenen der zweiten und dritten Klasse.

Fahrt in ein neues Leben →
Eisenbahn und Dampfschifffahrt machten Massenauswanderungen möglich. Jetzt konnten die europäischen Einwanderer in Nordamerika schnell in den Mittleren Westen oder an die Westküste weiterreisen – in immer überfüllten Sonderzügen.

Zweite-Klasse-Abteil ↑
Um 1900 reiste man zweiter Klasse etwas beengter als erster Klasse, aber auch recht komfortabel. Wegen der geringen Unterschiede zur ersten Klasse wurde diese „Mittelklasse" bald wieder aufgegeben.

Harte Zeiten →
Die dritte Klasse der frühen Züge war eine andere Welt. Drei- bis viermal so viele Fahrgäste wie in der ersten Klasse drängten sich auf dem gleichen Raum.

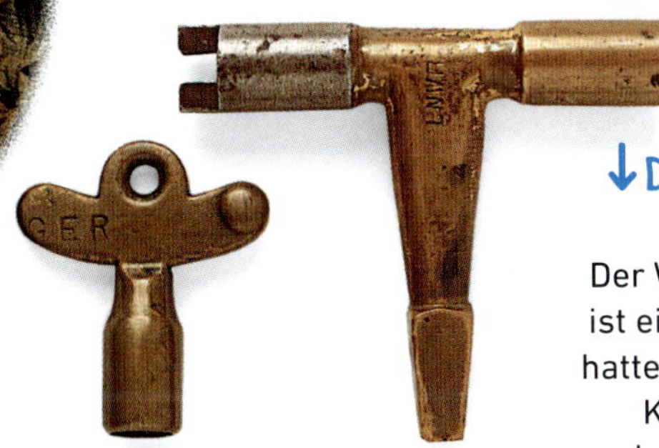

Dritte-Klasse-Abteil ↑
Dieses Abteil von 1904 war einfach, aber im Vergleich zur dritten Klasse in den allerersten Zügen schon sehr komfortabel ausgestattet.

Türschlüssel ↑
Nicht benutzte Waggons werden mit solchen einfachen Vierkantschlüsseln abgeschlossen.

↓ Drei-Klassen-Waggon
Der Waggon von 1904 ist eine Ausnahme: Er hatte Abteile aller drei Klassen, zwischen denen es keine Verbindungstüren gab. Jedes Abteil besaß einen eigenen WC-Raum.

Stilvoll reisen

Mitte des 19. Jahrhunderts bot die Eisenbahn in Europa und den USA ihren Fahrgästen komfortabel ausgestattete Züge mit Toiletten, Heizung, Beleuchtung und Verpflegung – vor allem auf Langstrecken. Je größer der Komfort war, desto stärker wurde die Nachfrage. Das bewog den Amerikaner George Pullman 1865 dazu, Luxus-Schlafwagen auf die Reise zu schicken und den Reisenden einen Erste-Klasse-Speisewagen zu bieten. Bald konnte man überall erster Klasse reisen, speisen und übernachten, und die Eisenbahn entwickelte sich zu einem geschätzten Reisemittel der Wohlhabenden.

Pullman-Schlafwagen-Fahrkarte

Französische Freifahrkarte

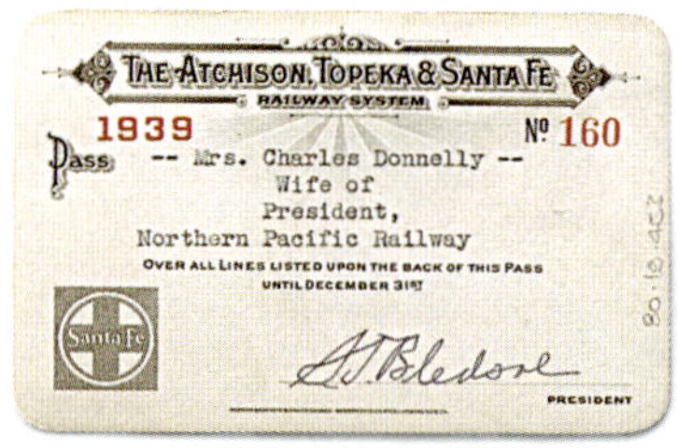

US-Freifahrkarte der Atchison, Topeka & Santa Fe Railway

Freie Fahrt für Chefs →

Eisenbahndirektoren und ihre Frauen hatten ein Recht auf Freifahrkarten ihrer eigenen und anderer Gesellschaften.

↑ Sammlerstücke

In Speisewagen erster Klasse wurden die Mahlzeiten auf feinstem Porzellan serviert, das heute Sammlerwert hat. Dieses Frühstücksservice mit Rosendekor stammt aus den 1930er-Jahren.

↑ Exklusiv speisen

Wer es sich leisten konnte, genoss im Erste-Klasse-Speisewagen einen exklusiven Service – den freien Blick auf wechselnde Landschaftsbilder inklusive.

↑ Modisch reisen

In den 1920er- und 1930er-Jahren war Reisen mit der Bahn sehr in Mode.

Getränk gefällig? →

Sogar Cocktails bekam man in britischen Erste-Klasse-Speisewagen serviert. Gläser, Tafelsilber und Porzellan trugen das Monogramm der Eisenbahngesellschaft.

← Mord im Orientexpress

Berühmte Züge sind nicht selten Schauplatz von Romanen und Filmen. Agatha Christies Roman wurde 1974 von Sidney Lumet (links) und 2017 von Kenneth Branagh verfilmt.

↑ Luxuslöwen

Britische Pullman-Waggons trugen das Luxuswappen mit zwei Löwen darauf.

↑ Luxuriös

Ende des 19. Jh. boten Pullman-Waggons in den USA alle Annehmlichkeiten. Sonntags gab es sogar einen Gottesdienst.

Aufwendige Einlegearbeiten in der Wandtäfelung

Klingel für den Kellner

Pullman-Stil ↑

Das Innere des Pullman-Wagens *Topaz* von 1914 erfüllte alle Komfortwünsche. Die britischen Pullman-Wagen waren u. a. für ihre Holztäfelungen berühmt (oben). Mit der Klingel rief man den Kellner, um Speisen und Getränke zu bestellen. An jedem Ende der Waggons befand sich ein kleines Abteil mit vier Plätzen – das Coupé.

Wusstest du, dass die Eisenbahngesellschaften damals auch Hotels entlang ihrer Langstrecken bauten?

Ovales WC-Fenster

Coupé-Tür

Messing-Tischleuchte

Messinggriff

Im Stellwerk

Das Stellwerk gewährleistet die Sicherheit des Zugverkehrs. Anfangs ließ man die Züge in großen Sicherheitsabständen fahren. Mit Signalflaggen oder -stöcken erhielt der Lokführer die Aufforderung zum Weiterfahren. Auch die Weichen wurden zuerst von Hand gestellt. Als sich Mitte des 19. Jahrhunderts die elektrische Telegrafie durchsetzte, konnte man Informationen über die Zugbewegungen elektromechanisch übertragen und Signale und Weichen von einem Stellwerk aus zentral betätigen.

Im Stellwerk brannte eine Öllampe, falls einmal der Strom ausfallen sollte.

Läutsignale meldeten benachbarten Stellwerken herannahende Züge.

Gelber Hebel für ein entferntes (Warn-)Signal

Roter Hebel für Haltesignale

Blaue Hebel zum „Verschluss“, schwarze zum Verstellen der Weichen, weiße unbelegt

←So funktioniert's

Auf der Hebelbank dieses Stellwerks sind 40 Hebel für Signale und Weichen. Mit den elektrischen Geräten darüber werden Signale mit benachbarten Stellwerken ausgetauscht. Die Blockkästen (S. 33) zeigen an, ob sich ein Zug auf der Strecke befindet. Ein ausgeklügeltes Blocksystem verbindet Instrumente, Signale und Gleise, um Fehlmeldungen auszuschließen.

Moderne Steuerzentrale →

Eine moderne Betriebssteuerzentrale funktioniert automatisch. Nur bei einem Betriebsfehler, z. B. einer Entgleisung oder einer Signalstörung, greift der Fahrdienstleiter ein und bestimmt die Strecken, auf denen die Züge weiterfahren können.

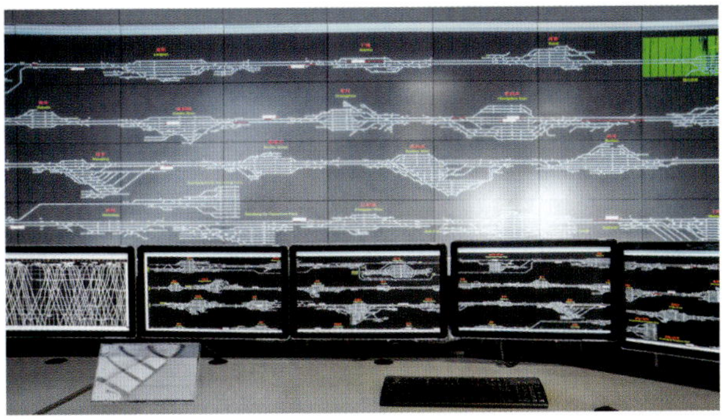

↑ Dreifelderblock

Die Blockfelder im nächsten Stellwerk zeigen an, ob die Strecke „geblockt" ist oder nicht.

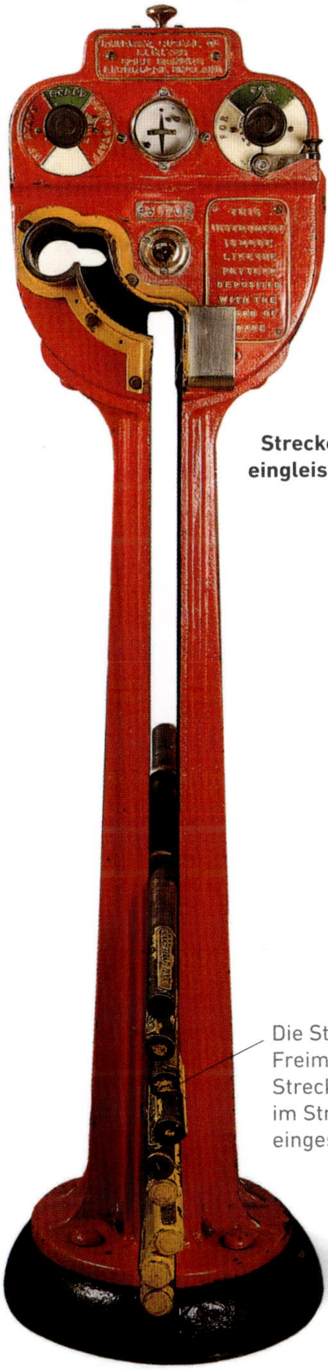

Streckenblock für eingleisige Strecken

Die Stäbe zum Freimachen der Strecke waren im Streckenblock eingeschlossen.

Auf dem Bahnsteig →

Auf vielen kleinen Bahnhöfen in Frankreich stand die Hebelbank auf dem Bahnsteig. So konnte der Bahnwärter zwischendurch auch noch andere Arbeiten erledigen.

↑ Bahntelegraf

Mit Läutcodes wurde der Zustand der Strecke vor und hinter dem Stellwerk abgefragt und mitgeteilt.

↑ Strecke frei

Der Stellwerksmeister musste von Hand die Hebel umlegen, die über Rohrgestänge mit den Weichen und über Drahtzüge mit den Signalen verbunden waren.

← Das Stellwerk

Mechanische Stellwerke waren immer erhöht gebaut, um den Betrieb von Gestängen und Drahtzügen zu erleichtern. Eine moderne Steuerzentrale hat die Kapazität von einem Dutzend früherer Stellwerke.

↑ Spezialsicherung

Auf eingleisigen Strecken erhielt der Lokführer einen codierten Stab, mit dem er die Strecke umstellte. Erst dann hatte er freie Fahrt.

↑ Dreifelderblock für Rückmeldungen

Dieser Blockkasten gab die Informationen über die Strecke an das davorliegende Stellwerk.

Bitte halten! ↑
Auf kleinen, ländlichen Bahnhöfen wie hier in Australien hielt der Zug nur, wenn die Fahrgäste auf dem Bahnsteig ein kleines Stoppschild schwenkten.

Eisenbahnsignale

Lokführer müssen eine Vielzahl von Signalen kennen. Ohne diese Signale käme es zu Zusammenstößen, die in den Anfangszeiten der Eisenbahn nicht selten waren. Damals gaben Bahnpolizisten noch Handsignale. Daraus entwickelten sich die mechanischen Signale (Formsignale). Die Züge wurden schneller und die Bremsen wirksamer. Jetzt mussten auch die Vorrichtungen verbessert werden, die einen reibungslosen und sicheren Verkehr garantieren sollten. In den 1920er-Jahren wurden die Haupteisenbahnlinien mit besser erkennbaren elektrischen Lichtsignalen ausgestattet. Die Signale informieren den Lokführer über die Situation auf der vor ihm liegenden Strecke. Ihre Stellung kann in den benachbarten Stellwerken überprüft werden.

Bahnwärterabzeichen

↑ Erkennungsmarke
Die Angestellten der Eisenbahn trugen Abzeichen mit einer persönlichen Erkennungsnummer.

↑ Flaggen und Armbinde
Anfangs arbeiteten Bahnpolizisten auch als Bahnwärter. Mit verschiedenfarbigen Flaggen signalisierten sie dem Lokführer „Halt!", „Vorsichtig fahren!" oder „Freie Fahrt!". Sie trugen Armbinden mit Erkennungsnummer.

Signallampe →
Am Anfang wurden dem Lokführer auf den Bahnhöfen bei Tag mit Flaggen und bei Nacht mit Öllampen Signale gegeben. Die Glasscheibe der Lampe ließ sich auf rot (Halt), grün (Freie Fahrt) oder weiß (zum Leuchten) stellen.

Dreiphasenlampe

Halt! →
Das mechanische englische Flügelsignal zeigt mit dem oberen Arm „Halt!" oder „Freie Fahrt!" an, mit dem unteren die Stellung des nächsten Signals. Hier stehen beide auf „Halt!"

Schranke wird heruntergelassen, wenn ein Zug kommt.

↑ **Bahnübergänge**
In den USA gibt es fast nur unbeschrankte Bahnübergänge. Blinklichter und eine Klingel warnen vor dem herannahenden Zug.

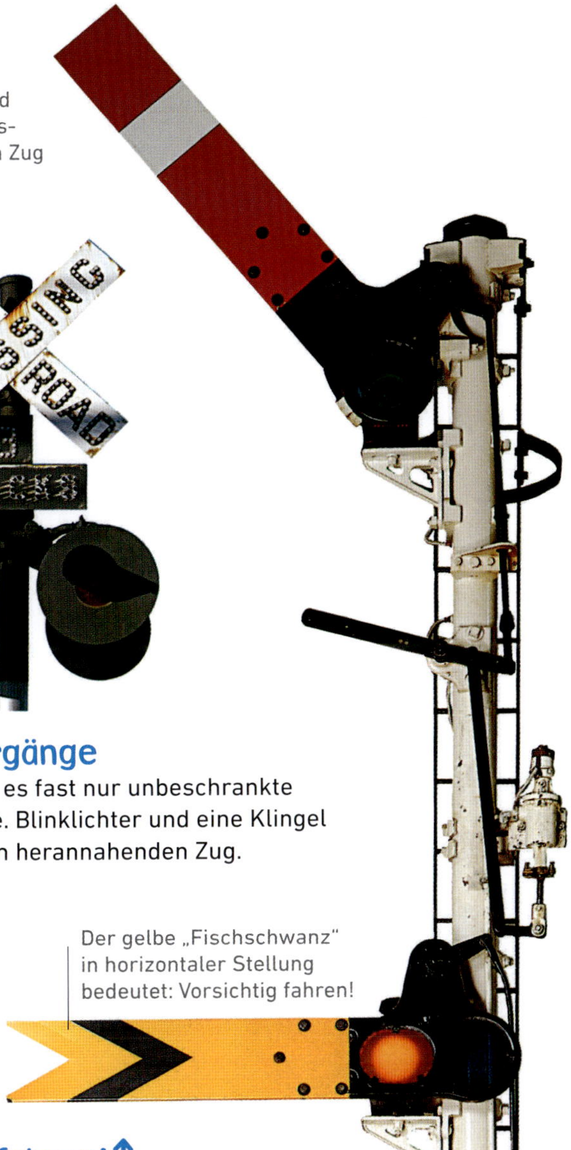

Der gelbe „Fischschwanz" in horizontaler Stellung bedeutet: Vorsichtig fahren!

Vorsichtig fahren! ↑
Der „Stopparm" weist nach oben – der Zug kann weiterfahren. Aber der Vorsignalarm zeigt an, dass das nächste Signal auf Halt steht. Der Lokführer kann langsam und vorsichtig weiterfahren.

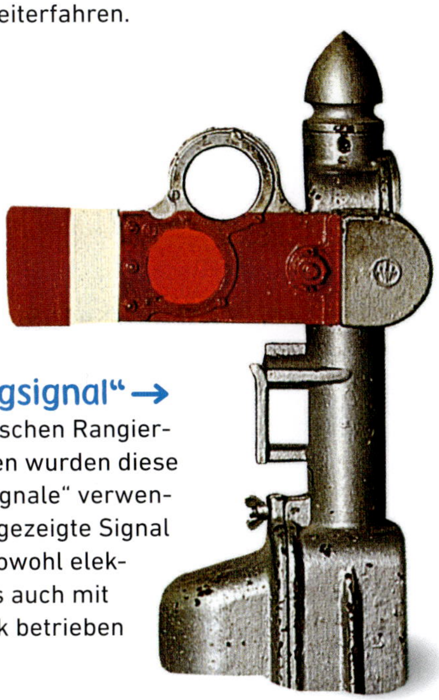

„Zwergsignal" →
Auf englischen Rangierbahnhöfen wurden diese „Zwergsignale" verwendet. Das gezeigte Signal konnte sowohl elektrisch als auch mit Luftdruck betrieben werden.

↑ **Unfälle kommen vor**
Auch die besten Signalanlagen können menschliches Versagen – oder ein Versagen der Bremsen – nicht verhindern.

Auch der gelbe Vorsignalarm zeigt freie Fahrt an.

Freie Fahrt! →
Wenn beide Signalarme nach oben weisen, ist die Strecke voraus frei. Der Zug kann mit normaler Geschwindigkeit weiterfahren.

↑ **Bei der Einfahrt**
Anfang des 20. Jh. war es für den Lokführer nicht einfach, sich im Gewirr der Signale, Gleise und Weichen zurechtzufinden, wenn der Zug in einen großen Bahnhof einfuhr.

↑ **Moderne Lichtsignale**
Signale mit LEDs (Licht emittierende Dioden) sind heller und brauchen weniger Wartung als Signale mit herkömmlichen Glühlampen.

Post auf Schienen

Im Postwagen konnten Brief- und Paketsendungen wie in einem normalen Postamt bearbeitet werden – während der Zug in voller Fahrt durch die Landschaft dampfte. Entlang der Strecke wurde Post von eigens dafür konstruierten Vorrichtungen eingesammelt, ohne dass der Zug anhalten musste. Nachdem sie sortiert und in Säcke verpackt war, wurde sie an Poststellen aus dem fahrenden Zug in Auffangnetze neben dem Gleis geworfen.

↑ Annahme
Diese alte Sammelkarte zeigt eine Annahmestelle der Bahnpost. Das Fangnetz des Postwagens nimmt den ledernen Postsack auf.

↑ Die US-Post
Aus diesem Zug mit einer klassischen amerikanischen Lok aus den 1870er-Jahren werden Postsäcke geworfen. Gleichzeitig nehmen die Postler im Zug von einem galgenartigen Gestell einen Postsack ab.

Diesen Sack nimmt der Zug mit.

Für Briefe in letzter Minute wurde Zuschlag erhoben.

← Am Ort der Übergabe
Kurz bevor der Zug an der Übergabestelle ankam, wurde am hinteren Teil des Postwagens ein Fangnetz ausgefahren. Dort hinein fiel der Postsack von einem „Postgalgen“ am Bahnsteig.

Das Netz neben dem Gleis fängt den Postsack aus dem vorbeifahrenden Zug auf.

↑Wohin geht die Reise?

Die Briefe wurden nach Bestimmungsort sortiert. Alle Briefe für einen Ort kamen zusammengeschnürt in einen der Zustellsäcke, die unterwegs abgeworfen wurden.

Vom Auto in den Zug→

Ein Postauto brachte die Post zum Bahnhof. Von Nebenstrecken wurde sie zu Fernstrecken transportiert und dort in die Postwaggons der Fernzüge umgeladen.

←Post für Irland

Irish Mail (Irische Post) hieß der Personenzug mit Schlafwagenabteilen, der von 1848–1985 die Post für Irland von London zum Fährhafen Holyhead brachte. Von Holyhead setzte die Fähre nach Dublin über.

Diese Vorrichtung für die Postübergabe und -übernahme aus dem fahrenden Zug heraus war bis 1971 in Gebrauch.

Postwaggon von 1885

↑Postamt auf Schienen

Als in den 1840er-Jahren der reguläre Personenverkehr der Eisenbahn aufgenommen wurde, beförderte sie auch die Post. Wegen der Konkurrenz durch Straßen- und Lufttransport spielt die Post auf Schienen heute keine Rolle mehr.

Diese Briefmarke erschien 1974 zum 100-jährigen Bestehen des Weltpostvereins.

Elektrifizierung

Die Verwendung von elektrischem Strom zum Antrieb von Lokomotiven wurde erst 1866 durch Werner von Siemens' Erfindung der Dynamomaschine möglich. Danach setzte eine rasante Entwicklung ein und schon 1903 erreichte ein Elektro-Triebwagen der AEG die Rekordgeschwindigkeit von 206 km/h. Elektroloks beziehen den Strom von Oberleitungen oder von parallel zu den Gleisen laufenden Stromschienen. Im Vergleich zu Dampf- und Dieselloks haben sie viele Vorteile: Sie sind schneller, leiser, umweltfreundlicher und leichter zu bedienen.

↑ Ohne Qualm
Die erste amerikanische Elektrolok verkehrte 1895 zwischen Baltimore und Ohio. Auf der 6 km langen Strecke waren zahlreiche Tunnel zu durchfahren, die zur Zeit der Dampfloks immer voller Qualm waren.

Deutsche Entwicklung →
Diese Elektrolok von Werner von Siemens (1816–1892) schaffte den Durchbruch. 1879 zog die kleine Lok einen Wagen mit 30 Personen 6,5 km/h schnell.

↑ Mistral
Wie der gleichnamige kalte Wind durchs Rhônetal „fegte" dieser legendäre französische Zug von Paris nach Nizza – berühmt für seine Laufruhe, Schnelligkeit, Bequemlichkeit und Annehmlichkeiten wie Restaurant und Bar.

Über den Bügelstromabnehmer wird der Strom von der Oberleitung zu den elektrischen Antriebsmotoren geleitet.

Der ICE 4 ist sehr leicht und verbraucht deshalb über 20 % weniger Energie als das Vorgängermodell.

←Fortschritt ohne Ende

Der rasante Fortschritt der Elektrotechnik lässt neueste Entwicklungen schnell veralten. Der neueste deutsche ICE 4 (Intercity-Express) nahm im Dezember 2017 seinen Dienst auf. Diese Triebzüge werden von motorisierten Wagen statt von einer Lokomotive angetrieben und sollen nach und nach die älteren ICE-Modelle ersetzen.

Superschnellzug↓

Einer der schnellsten Züge der Welt ist der TGV (Train à Grande Vitesse) in Frankreich. 2007 erreichte er 574,8 km/h und brach damit den Schienenweltrekord. Seit 1981 verkehrt er auf eigens für ihn gebauten und reservierten Gleisen. Ein Zug besteht aus acht Waggons und einer Lokomotive vorn oder hinten. Form und Motorenstärke ermöglichen auch bergauf hohe Geschwindigkeiten.

Elektrolok (1904) der englischen North-Eastern-Eisenbahngesellschaft

←Elektrische Güterlok

Diese Elektrolok vom Anfang des 20. Jh. zog Güterzüge auf tunnelreichen Strecken und löste damit das Problem des Qualms von Dampfloks in Tunneln.

Rudolf Diesel
(1858–1913)

Dieselloks

Die Erfindung von Elektro- und Diesellokomotiven läutete das Ende der Dampfloks ein. 1892 meldete Rudolf Diesel das Patent für einen Selbstzündermotor an. Für die Kraftübertragung fand man drei Lösungen: mechanisch mit einem Zahnradgetriebe wie beim Auto für kleine Loks, hydraulisch ähnlich einem Automatikgetriebe für größere Loks oder per Generator, der Strom für Elektromotoren auf den Achsen erzeugt.

Dieselelektro-Motor →

Dieselelektrische Motoren können die Lokomotive nicht direkt antreiben, wie es bei Dampfloks der Fall ist. Hier treibt der Dieselmotor einen Generator an, der Strom erzeugt. Mit dem Strom werden die elektrischen Fahrmotoren gespeist, die die Räder der Lok antreiben.

Prototyp der dieselelektrischen *Deltic*
(Britische Staatsbahnen, 1956)

↑Brotzeit
Lokführer hatten früher immer etwas zu essen und ein warmes Getränk für unterwegs dabei.

Trans-Europ-Express→
Mit den TEE-Zügen wurde von 1957–1987 zwischen den europäischen Metropolen ein Zugnetz aufgebaut, das besonders Geschäftsreisenden schnelle und komfortable Bahnverbindungen bot. Die Luxuszüge wurden von dieselelektrischen Triebwagen gezogen.

↑Lokführermütze
Traditionelle Dampflokführermützen wie diese galten als Abzeichen für das Dienstalter. Sie schützten auch die Haare vor Ruß und Kohlenstaub.

←Rekorddiesellok
Einer der ersten Hochgeschwindigkeitszüge mit Dieselantrieb war der *Zephyr*, der Mitte der 1930er-Jahre in den USA auf der Strecke Chicago–Denver verkehrte. 1936 fuhr er eine konstante Geschwindigkeit von 134 km/h über 1609 km.

↑Zeitersparnis
Schnelle Dieselgliedzüge wie dieser britische Intercity-Zug sollen Zeit und Arbeitskraft sparen helfen. Die Waggons befinden sich zwischen den beiden „Triebköpfen" an den Zugenden. In Kopfbahnhöfen erspart man sich so einen Lokwechsel.

←Dieselprototyp Deltic
Als 1956 die ersten dieselelektrischen Loks vom Typ *Deltic* gebaut wurden, war die *Deltic* die stärkste Diesellokomotive der Welt. Sie ersetzte ab 1961 auf der Strecke London–Edinburgh die mächtigen stromlinienförmigen *Mallard*-Dampfloks (S. 46–47). Jede *Deltic*-Lok hat in ihrer 20-jährigen Dienstzeit über 4,5 Mio. km zurückgelegt. Dieser Loktyp bewies u. a., wie sehr Dieselloks den alten Dampfloks überlegen sind.

Fernzüge

Vorhänge vor den Schlafwagenabteilen schützten die Privatsphäre.

Die Eisenbahn war das erste Verkehrsmittel, das ganze Kontinente erschloss. Die ersten Fernzüge waren langsam und wenig komfortabel, obwohl sie gegenüber früheren Reisemöglichkeiten – wenn es überhaupt welche gab – einen großen Fortschritt bedeuteten. Vor allem in den USA wurden Fernzüge bald besser ausgestattet, sie waren beheizt und hatten Schlaf- und Speisewagen. Geschäftsleute bevorzugen auf Fernstrecken heute das Flugzeug, doch bei Touristen gewinnen Fernzüge wieder an Beliebtheit, weil sie die Möglichkeit bieten, viel von einem Land zu sehen.

↑ Transsibirische Eisenbahn

Täglich startet ein Fernzug von Moskau nach Wladiwostok. Für die Fahrt über 9288 km braucht der Zug 8 Tage.

↑ Australische Langstrecke

Die australische Ost-West-Bahnstrecke zwischen Sydney und Perth besteht seit 1970. Der *Indian-Pacific*-Express fährt die 3961 km in 3 Tagen.

↑ Blue Train

Einer der luxuriösesten Züge der Welt ist seit den 1920er-Jahren in Südafrika im Einsatz. 1939 erhielt er den Namen *Blue Train* und fuhr das erste Mal auf der Strecke zwischen Kapstadt und Pretoria.

↑ Selbstverpflegung

Als die Fernzüge schneller wurden, gab es weniger Haltestellen, an denen man etwas essen oder trinken konnte. So versorgten die Fahrgäste sich selbst, etwa mit solch einer transportablen Teeküche.

Schlafwagen haben Toiletten und Waschbecken.

↑ Schlafwagen-Gesellschaft

Die französische Wagons-Lits-Gesellschaft gibt es seit 1876. Sie bietet hohen Schlaf- und Speisewagenkomfort in ganz Europa.

Im Schlaf ↑

In den USA und Europa konnte man schon Mitte des 19. Jh. über Nacht im Schlafwagen reisen. Der Zug mit diesem Wagons-Lits-Zweibettabteil von 1936 fuhr nachts von Paris (Frankreich) über Brüssel (Belgien) nach London (England). Den Ärmelkanal überquerte er auf der Zugfähre. Tagsüber klappte man das obere Bett hoch, das untere wurde zur Sitzbank.

↑ Zugfähre

Ab 1936 verband die Zugfähre Dover–Dünkirchen England mit dem Kontinent. Seit 1995 fährt sie nicht mehr – heute wird der gesamte Frachtverkehr über den Kanaltunnel geleitet. Es gibt nur noch einige Passagierfähren.

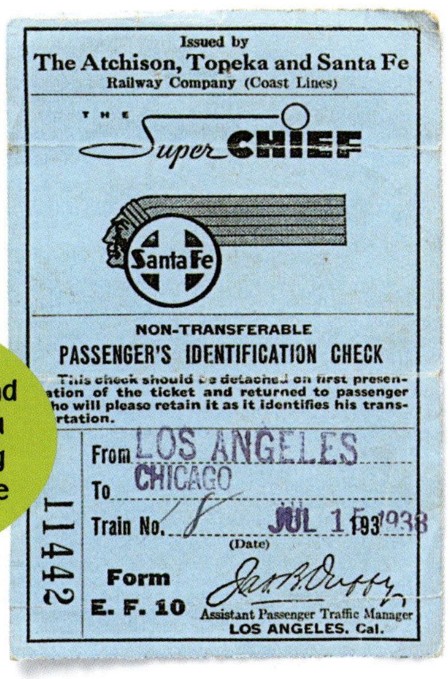

Issued by
The Atchison, Topeka and Santa Fe
Railway Company (Coast Lines)

THE Super CHIEF

Santa Fe

NON-TRANSFERABLE
PASSENGER'S IDENTIFICATION CHECK

This check should be detached on first presentation of the ticket and returned to passenger who will please retain it as it identifies his transportation.

From LOS ANGELES
To CHICAGO
Train No. 8 JUL 1 5 1938
(Date)

11442

Form
E. F. 10

Assistant Passenger Traffic Manager
LOS ANGELES. Cal.

Super-Chief-Fahrkarte (1938)

Super Chief →

Der *Super Chief* verkehrte zwischen Chicago und Los Angeles. Wegen seiner Feinschmeckerküche und der Filmkundschaft aus Hollywood galt er als bester Fernzug der USA.

Königliches Wappen an der Lok *Gladstone*

Königliche Züge

Der Adel und besonders die Königshäuser wollten den gewohnten Luxus auch auf Reisen nicht missen. Daher ließen sich die königlichen Familien ihre eigenen Züge bauen. Wenn die englische Königin oder Ludwig II. von Bayern per Bahn reisten, erwartete sie dort derselbe Prunk wie in ihren Schlössern. Die englische Königsfamilie besitzt seit 1839 ihre eigenen „Schlösser auf Rädern", die Komfort, Geräumigkeit und Abgeschirmtheit bieten.

Die Öllampen der Gladstone waren reich dekoriert.

↑↓ Gladstone

Auch bei der Lokomotive wie der *Gladstone* legte man Wert auf ein königliches Erscheinungsbild.

↑ Königlicher Bahnhof

Königin Viktoria, von 1837–1901 Herrscherin über das britische Weltreich, war eine begeisterte Freundin der Eisenbahn. Für sie wurden eigens Bahnhöfe errichtet. Über Gosport (oben), wo sie stets „mit großem Bahnhof" empfangen wurde, fuhr sie zu ihrem Schloss auf der Insel Wight.

Salonwagen der Königinmutter →

Der erste königliche Salonwagen wurde 1842 für Adelaide, die Mutter von Königin Viktoria, gebaut. Er bestand aus drei Abteilen, deren luxuriöse Ausstattung innen und außen von allerhöchster Qualität war.

↑ Königin Viktorias Waschraum
Das Toiletten- und Waschraumabteil war mit feinstem Ahornholz und Seide ausgestattet.

↑ Königin Viktorias Salon
Bei der Ausstattung der königlichen Wagen wurde nicht gespart. Die Königin selbst wählte die Innenausstattung ihres Salons 1869 aus. Möbel und Wandtäfelung sind aus feinstem Feldahorn, die Bezüge aus blauer Moiréseide und die Decken sind mit weißer wattierter Seide bespannt. Ursprünglich mit Öllampen beleuchtet, kam 1895 elektrisches Licht.

↑ Königliches Raucherabteil
Der Rauchsalon König Eduards VII. hat elektrische Ventilatoren und Zigarrenanzünder.

↑ Füße im Kasten
Die Nacht verbrachte die Königinmutter in ihrem Schlafabteil am Wagenende. Die Sitzpolster konnte man zu einem Bett umgruppieren. Der „Kutschkasten" beherbergte die Füße Ihrer Majestät.

↑ Königin Alexandras Schlafabteil
Mit den Klingelknöpfen über dem Bett konnte die Königin jeden Diener einzeln rufen.

↑ Königin Marys Salon
Dieser Salon diente für die Reise bei Tag.

Rekordzüge

Von Anfang an erregte die Eisenbahn die Gemüter, besonders wenn es um Geschwindigkeitsrekorde ging. Lange Zeit wetteiferten vor allem England und die USA darum, als erste die 100-Meilen-pro-Stunde-Marke (160,9 km/h) zu erreichen. Die Rekordgeschwindigkeiten, die 1893 in Amerika mit 181 km/h und 1904 in England mit 164 km/h erzielt werden konnten, wurden jedoch von der „Gegenseite" sofort angezweifelt. Der Wettstreit geht weiter: Jedes Land möchte gern den schnellsten Linienzug der Welt in Betrieb haben.

Die amerikanischen *Hiawatha*-Loks halten den Streckenrekord für Dampfloks im fahrplanmäßigen Betrieb: im Durchschnitt 130 km/h auf 127 Kilometern.

Hiawatha-Dampflok

← Schnellste Dampflok

Am 3. Juli 1938 war die *Mallard* die schnellste Dampflokomotive der Welt. Auf der Messingplakette an der Kesselaußenwand wurde damit geworben.

Die *Mallard* ist eine stromlinienförmige Lokomotive vom Bautyp *Pacific*. Sie wurde 1938 von der London North Eastern Railway im britischen Doncaster hergestellt.

Shinkansen →

Schnelle Züge und hohe Passagierzahlen kennzeichnen das japanische Shinkansen-System, das 1964 mit der Verbindung Tokio–Osaka (Tokaido-Linie) gestartet wurde.

Der erste Shinkansen-Linientriebzug verkehrte ab 1965 mit einer Durchschnittsgeschwindigkeit von 163 km/h und einer Spitzengeschwindigkeit von 210 km/h.

Intercity-Express →

Der deutsche Hochgeschwindigkeitszug Intercity-Express (ICE) hielt während der Testphase mit 404 km/h kurzzeitig den absoluten Weltrekord auf der Schiene. Seit 1991 fährt er im Linienverkehr z. T. auf bestehenden begradigten Strecken, z. T. auf neu angelegten Hochgeschwindigkeitstrassen.

↑ Der Schnellste

Den augenblicklichen Geschwindigkeitsrekord hält der französische TGV (Train à Grande Vitesse, S. 39). Die erste TGV-Linie (Paris–Lyon) wurde 1981 in Betrieb genommen. Im Gegensatz zum ICE fährt der TGV fast nur auf eigenen Neubaustrecken. Seine Durchschnittsgeschwindigkeit beträgt 320 km/h.

Lok Nr. 999 →

Eine Eisenbahngesellschaft im US-Bundesstaat New York beanspruchte 1893 den Geschwindigkeitsrekord für ihre Dampflok Nr. 999, die über 161 km/h schnell gewesen sein soll. Dieser Rekord wird heute international nicht mehr anerkannt.

← Dampfrekord

Die Messstrecke hatte Gefälle, aber der Weltrekord der *Mallard* steht immer noch: Mit 202 km/h ist sie die schnellste Dampflokomotive aller Zeiten. Die von dem britischen Ingenieur Nigel Cresley (1876–1941) konstruierte Lok fuhr den Rekord am 3. Juli 1938 auf der Strecke London–Edinburgh.

Auf dem Bahnhof

Bahnzeit ↓

Zur Eisenbahn gehört das Einhalten des Fahrplans. Bei Fahrten über einen ganzen Kontinent, z. B. in den USA, durchquert man verschiedene Zeitzonen.

Die ersten Bahnhöfe bestanden aus hölzernen Wartehäuschen mit Fahrkartenschalter. Die Fahrgäste konnten dort ein- und aussteigen, Fahrkarten lösen und auf den Zug warten. Die modernen Bahnhöfe großer Städte dagegen sind oft der größte Gebäudekomplex der Stadt, die Gleisanlagen bedecken ein riesiges Areal und in der Bahnhofsarchitektur sind alle Stilrichtungen vertreten. Großstadtbahnhöfe bieten den Reisenden Umsteigemöglichkeiten im Fern- und Nahverkehr, Service, Information und Einkaufsmöglichkeiten.

Die große Bahnhofsuhr hat meist einen zentralen Platz.

Auf dem Land ↑

Bahnsteige auf dem Land waren früher oft sehr niedrig – oder gar nicht vorhanden. Die Reisenden mussten dann die Stufen der Waggons mühsam hochklettern.

Fracht aller Art →

Die Eisenbahn kann jede erdenkliche Fracht transportieren. In diesem geschlossenen Güterwagen wurden Särge befördert.

Grand Central Terminal →

In den Bahnhofshallen werden Ankunfts- und Abfahrtzeiten auf Tafeln angezeigt. Die Grand Central Terminal in New York (USA) ist der größte Bahnhof der Welt.

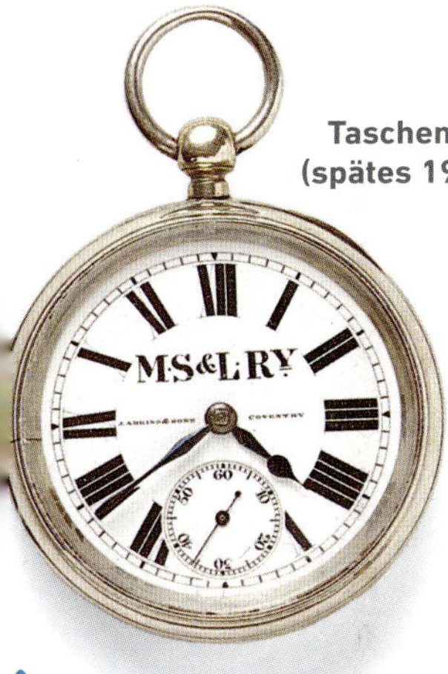

Taschenuhr (spätes 19. Jh.)

↑ Uhren

Der Fahrplan fordert Pünktlichkeit. Daher gibt es große Bahnhofsuhren und früher hatte jeder Bahnangestellte eine Taschenuhr.

↑ Waterloo Station

Große Bahnhöfe wie Waterloo Station in London (England) sind so angelegt, dass sich in den Hauptverkehrszeiten Tausende von Reisenden dort aufhalten können.

Einfache Metallpfeife

Pfeifensignale →

Mit einfachen Holz- oder Metallpfeifen gab das Bahnhofspersonal Signale, z. B. jenes zur Weiterfahrt für den Lokführer.

In die Pfeife eingearbeitet: Knopf einer Eisenbahneruniform

↑ Bis vor die Haustür

Bis zum Zweiten Weltkrieg unterhielt die Eisenbahn in vielen Ländern ein weitverzweigtes Transportnetz, zu dem auch ein Paketzustelldienst per Fahrrad gehörte.

Japanische Zugfahrkarten

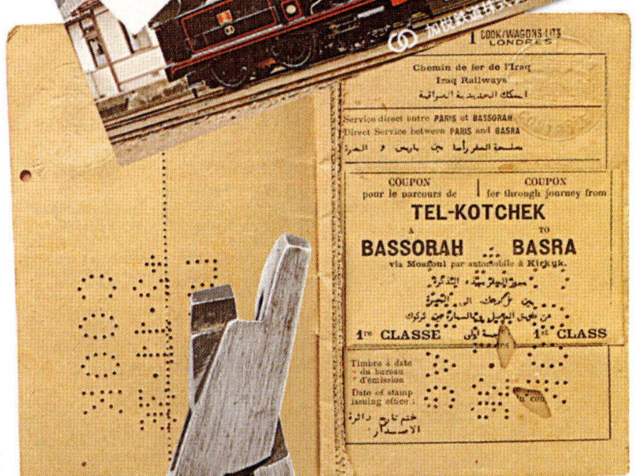

1.-Klasse-Fahrkarte nach Basra (Irak)

↑ Wahrzeichen

Die großen Bahnhöfe, wie der Gare de Lyon in Paris (Frankreich), sind weithin sichtbare Wahrzeichen der Stadt. Ihre besondere Lage im Stadtbild verdanken sie auch ihrer Funktion als Verkehrsknotenpunkt.

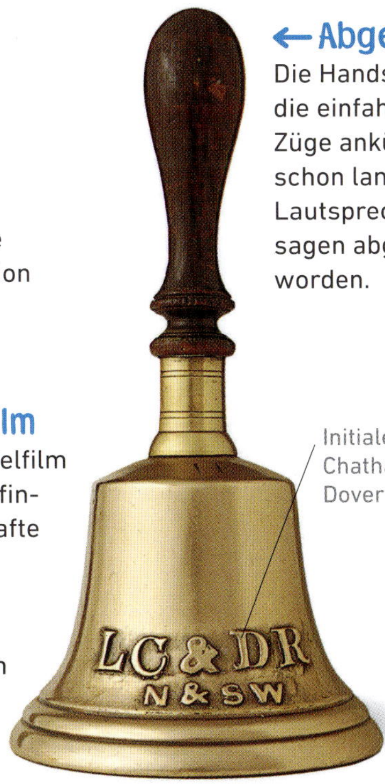

← Abgelöst

Die Handschelle, die einfahrende Züge ankündigte, ist schon lange durch Lautsprecheransagen abgelöst worden.

Initialen: London Chatham und Dover Railway

← Bahnhofsfilm

In David Leans Spielfilm *Begegnung* (1945) findet die schicksalhafte Begegnung zwischen Trevor Howard und Celia Johnson auf einem Bahnhof statt.

Die Fahrkarten, bitte!

Überall müssen Reisende eine Fahrkarte lösen. Der Kontrolleur locht oder stempelt die Karte und entwertet sie damit.

Britisches Gepäckträgerabzeichen

Bahnbetrieb

Auch wenn wir täglich mit der Bahn fahren, sehen wir nie alle Mitarbeiter, die für einen reibungslosen Betrieb sorgen. Die Eisenbahndirektionen treffen Entscheidungen über Fahrzeuge, Personaleinsatz und Fahrplan der Personen- und Güterzüge. Die technischen Abteilungen kümmern sich um die Wartung und Instandhaltung des Fuhrparks, der Bahnhöfe und Gleisanlagen. Außerdem gibt es Fachleute für Finanz- und Personalwesen, Werbung und Öffentlichkeitsarbeit.

Dampflokführer mussten ihre Loks abschmieren.

Abzeichen eines russischen Bahnarbeiters

Abzeichen eines chinesischen Bahnarbeiters

↑Viele Gesichter

Der Bahnbetrieb funktioniert nur dank einer großen Anzahl von Mitarbeitern reibungslos. Daher gehört in vielen Ländern die Bahn zu den größten Arbeitgebern.

Feuerwehrhelm der Great Western Railway

↑Eigene Feuerwehr

Manche Eisenbahngesellschaften haben eine eigene Feuerwehr mit Spezialgeräten und eigenen Uniformen.

↑Hilfreiche Geister

Früher gehörten die großen Bahnhofshotels den Eisenbahngesellschaften. Gepäckträger und Pagen waren den Gästen behilflich.

↑Der Bahnhofsvorsteher

Er war verantwortlich für die gesamte Bahnstation, v. a. für die pünktliche Abfahrt der Züge.

Wenn das Horn ertönte, räumten die Gleisarbeiter die Strecke, bis der Zug vorbeigefahren war.

Das Horn warnte mit einem unverwechselbaren Signalton.

Messinghorn des Wachpostens

Der Wachposten warnt den Gleisbautrupp mit dem Signalhorn vor einem herannahenden Zug.

↑ Gleisbau

Gleislegung und Gleiserneuerung sind sehr aufwendige und zuweilen auch gefährliche Arbeiten. Zu jedem Gleisbautrupp gehört ein Wachposten, der seine Kollegen warnt, wenn ein Zug kommt.

Unersetzlich ↑

Auch die modernen automatischen Block- und Leitsysteme müssen auf ihre Zuverlässigkeit überprüft werden. Sollte doch einmal ein Defekt auftreten, schaltet das Signal sicherheitshalber automatisch auf Rot.

Der Schlauch wurde an den Wassertank des Speisewagens angeschlossen.

Kurbel für die Wasserpumpe

Der Wasserwagen wurde über den Bahnsteig geschoben.

← Nachfüllaktion

Auch während des kurzen Halts von Schnellzügen müssen Lebensmittel- und Wasservorräte für den Speisewagen aufgefüllt werden. Mit solchen Trinkwasserwagen wurden die Behälter im Zug nachgefüllt. WC-Tanks füllte man über Schläuche mit Brauchwasser.

Spezielle Form →

Mit diesem Kännchen füllte man die Öllampen nach. Der breite Boden gab der Kanne Standfestigkeit.

Ölkanne (um 1890)

Warnlampe →

Solche Warnlampen waren in Gebrauch, bevor es Batterielampen gab. Der Docht war mit dem Öl aus der Kanne getränkt und gab mit seinen vielen Enden ein helles Licht. So konnte man vor Gefahren warnen.

Zahlreiche Dochtenden

Ölwarnlampe (um 1900)

Dampfveteranen

In Asien werden noch heute Dampflokomotiven im Linienverkehr eingesetzt. Fast überall sonst aber sind die Tage der Dampflok gezählt. Elektro- und Dieselloks lösen sie ab, weil sie sauberer und leistungsfähiger sind. Die Begeisterung für Dampfloks hat jedoch viele vor dem Schrottplatz bewahrt. Hunderte von ihnen sind von Eisenbahn-Fanclubs gekauft worden und werden von ihnen instand gehalten. Eininge fahren als Museumsbahnen auf besonderen Gleisen oder auf malerischen Nebenstrecken des öffentlichen Schienennetzes und ziehen restaurierte Waggons mit Touristen oder Eisenbahnliebhabern. Manchmal leihen auch Museen ihre betriebsfähigen Maschinen für solche Fahrten aus.

↑ Alle Spurweiten

Bis vor Kurzem waren in Indien noch Dampfloks im Einsatz. Schmalspurbahnen mit Dampfloks gibt es heute noch.

↑ Beliebt

Dampfeisenbahnen sind Touristenattraktionen. Manche – wie die Llanberis Lake Railway in Wales (oben) – sind Nachbauten alter Modelle und fahren auf Gleisen, die alten nachgebaut wurden.

Evening Star ↓

Die *Evening Star* wurde 1960 als letzte Dampflok für die britische Eisenbahn gebaut. Die Güterzugslok zog auch Personen- und sogar Schnellzüge.

Heute steht diese Dampflok im Britischen Eisenbahnmuseum in York.

Erhaltung →

In den USA wurden die Dampflokomotiven sehr schnell durch Elektro- und Dieselloks ersetzt. Aber immer mehr Dampfloks werden restauriert. Eisenbahnfreunde können sogar mit ihnen auf den großen Interkontinentalstrecken fahren.

Restaurierte Lok der Fort Worth & Western Railroad

Bis Ende der 1980er-Jahre wurden in China Dampfloks gebaut.

Langlebig ↑

In China ist die Eisenbahn das wichtigste Personen- und Gütertransportmittel. Anfang 1990 gab es etwa 7000 Dampfloks, 4700 Diesel- und 1200 Elektroloks. Heute fahren Dampfloks in China nur noch auf Güterlinien.

↑ Neu belebt

Ende der 1970er-Jahre wurde in Simbabwe eine Reihe alter britischer Beyer-Garratt-Lokomotiven wieder in Betrieb genommen. Simbabwe hat reiche Kohlevorkommen und wollte von Öleinfuhren für Dieselloks unabhängig sein. Dampflokfreunde aus aller Welt strömten nun in das afrikanische Land, um die letzten Exemplare der schwersten Schmalspurlok aller Zeiten zu bewundern.

↑ Im Linienverkehr

Viele Dampfveteranen wie diese 80 Jahre alte Tenderlokomotive (S. 57) sind in Indien und Pakistan noch im täglichen Einsatz. Spezielle Museumsbahnen gibt es in diesen beiden Ländern kaum.

Stolze Wappen

Die Eisenbahn ist eine Errungenschaft des 19. Jahrhunderts, in dem man großen Wert auf dekorative Kunst legte. Auch die Bahn liebte verzierte Zeichen. Sie wiesen auf die verschiedenen Dienste der Bahn hin und machten die Menschen mit dem neuen Verkehrsmittel vertraut. Als Zeichen waren Wappen oder die Initialen der Eisenbahngesellschaften gebräuchlich. Der bald einsetzende Wettbewerb zwischen den Gesellschaften führte dazu, dass sie ihre Zeichen auf allem anbrachten, was ihnen gehörte. So hingen riesige gusseiserne Wappenschilder sogar an Brückengeländern.

↑ Drachenwappen
Das Wappen der Midland-Railway-Gesellschaft zeigt einen Drachen und darunter die Wappen der größeren Städte im Streckennetz.

Name ↑
Auf dem Schild vorn an der Lok stand der Name des Zugs, der meist von der befahrenen Strecke abgeleitet war.

← TGV-Namensschild
Viele französische TGV- und deutsche ICE-Züge (S. 47) sind nach Städten benannt.

↑ Sonderzüge
Sonderzüge erhielten Abzeichen, die eigens für den Sondereinsatz angefertigt wurden.

↑ Britischer Löwe
Dieser Löwe zierte in den 1950er-Jahren die Lokomotiven der britischen Eisenbahn.

Fahrzeugnummer ↑
Die meisten Lokomotiven haben ein Schild mit Fahrzeugnummer, Baujahr, Name und Sitz des Herstellers. Auf diesem US-Schild steht sogar der Name des Direktors der Firma.

Southern-Railway-Namensschild

↑ Große Namen
Viele Lokomotiven trugen Namen aus der klassischen Antike oder von berühmten Personen, manchmal auch den des Direktors der Gesellschaft oder einer Stadt an der Strecke.

Messingschild →

Dieses Messingschild erinnert daran, dass Neuseeland zum Commonwealth of Nations gehört.

Namensschild der London North Eastern Railway

← Ritter vom goldenen Vlies

Eine Schnellzuglok der Great Western Railway trug diesen Namen.

Krone als Zeichen der einzigen kanadischen Gesellschaft mit königlicher Lizenz

Nummernschild →

Dieses Messingschild gehörte zu einer Lok der Canadian Dominion Atlantic Railway.

↑ Goldküste

Das Wappen der Gold Cost Railway trägt das Bild eines Elefanten. Die Goldküste ist der heutige Staat Ghana.

Das Schild auf der Rauchkammertür benennt die Strecke.

Wer fährt wohin? ↑

Loknummer und Name standen vorn auf der Lok, das Wappen der Eisenbahngesellschaft zierte Lok und Waggons.

↑ Städtewerbung

Immer noch werden Lokomotiven nach den Städten benannt, die auf ihrer Route liegen. Dieses Namensschild gehört zu einer Lok der London, Midland and Scottish Railway.

Kaledonien (Nord-Schottland) →

Das Schild vereinigt die englische und die schottische Flagge.

Schottische Flagge

Englische Flagge

Wappentier ↑

Die westaustralische Staatsbahn führte von 1890–1976 einen schwarzen Schwan im Wappen.

Untergrundbahnen

Das rasante Wachstum der großen Städte, zu dem die Bahn beigetragen hatte, führte bald zu verstopften Straßen. Einen Ausweg sah man in der Untergrundbahn. 1863 wurde in London die erste U-Bahn-Linie der Welt eröffnet. Deren Dampfloks füllten die Tunnel mit Qualm, Ruß und Gestank, aber man kam schneller und bequemer voran als mit oberirdischen Verkehrsmitteln. Spätere Elektroloks sowie Aufzüge und Rolltreppen machten die U-Bahn bald beliebter. Ende des 19. Jahrhunderts wuchsen in vielen Städten weltweit die U-Bahn-Netze.

↑ Fahrerlos

Einige moderne U-Bahnen wie die in Kopenhagen (Dänemark, oben) oder Nürnberg arbeiten vollautomatisch. Ein Computersystem überwacht die Gleise und steuert die fahrerlose U-Bahn. Doch der Umbau eines bestehenden U-Bahn-Netzes ist kostspielig und manche Fahrgäste fühlen sich ohne Fahrer weniger sicher.

← Wunschbild

Nicht der Wahrheit entsprachen manche Darstellungen der U-Bahn-Landschaft zur Zeit des Dampfbetriebs: geräumige, saubere, in zartes Tageslicht gehüllte Tunnel. Stattdessen waren Schmutz, Lärm und Gestank typisch für die U-Bahn dieser Zeit.

Luxuriöse Gewölbe →

Die Moskauer U-Bahn nahm 1933 den Betrieb auf. Ihre Bahnhöfe sind berühmt für ihren Prunkstil.

Uniformabzeichen der Londoner U-Bahn-Mitarbeiter (Anfang der 1930er-Jahre)

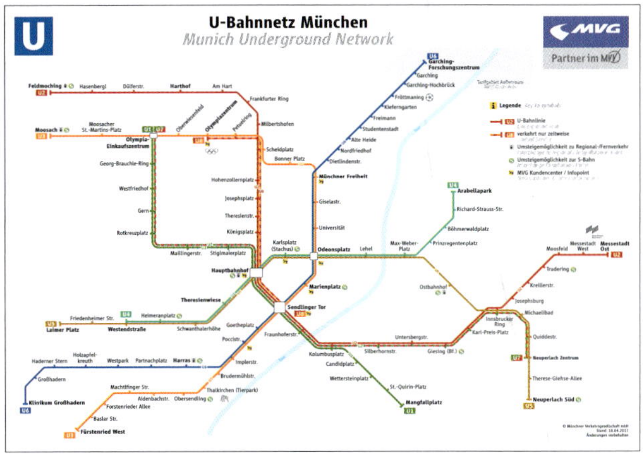

Platzangebot ↑

Möglichst viele Fahrgäste sollen in einen U-Bahn-Wagen passen. Deshalb öffnen sich die automatischen Türen zur Seite.

Pariser Metro ↓

Die Metro bewältigt seit 1900 mit einem dichten Stationsnetz einen Großteil des Personenverkehrs. Überall in der französischen Hauptstadt ist die nächste Metrostation leicht zu Fuß zu erreichen.

Der Streckenplan →

Die Streckenpläne vieler U-Bahn-Systeme orientieren sich an Straßen und Plätzen. Auch der Münchener U-Bahn-Plan (rechts) folgt in etwa der Geografie der Stadt. Oft wird der Streckenverlauf aber auch abstrakt dargestellt.

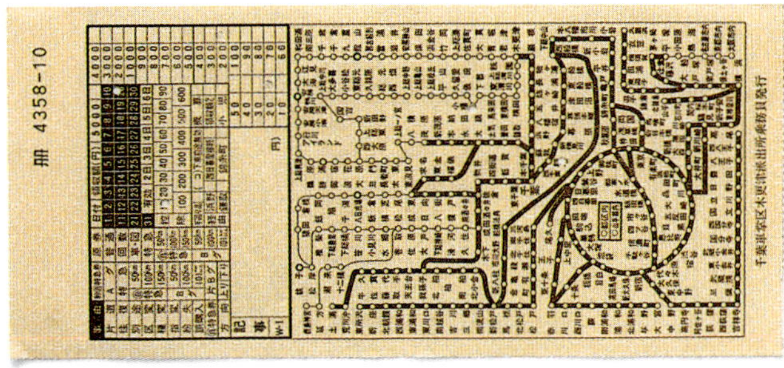

Abstrakt ↑

Die 1927 eröffnete U-Bahn in Tokio (Japan) ist heute eines der größten Nahverkehrssysteme der Welt. Auf den Fahrkarten ist der Streckenplan abgebildet.

← Kondensationslokomotive

Mit dieser seit 1866 in London (England) eingesetzten U-Bahn-Tenderlok wurde die Dampf- und Rauchbelästigung vermindert. Beim Durchfahren der Tunnelröhren wurde der Abdampf der Zylinder in seitlich neben dem Kessel angebrachte Wasserkästen geleitet und schlug sich dort nieder. Allerdings machte der Kondensationsmechanismus die Loks langsamer. In den Hauptverkehrszeiten benutzten die Fahrer ihn deshalb nicht immer.

Wenn die Bahn in die Luft geht

Eisenbahnen fahren nicht nur auf und unter (S. 56–57), sondern auch über der Erde, nämlich auf „Stelzenbauten". Es gibt drei verschiedene Typen: erstens die zweispurigen Hochbahnstrecken der S- und U-Bahn wie in Berlin und Paris (Frankreich). Zweitens gibt es einspurige und eingleisige Bahnen mit obenauf („im Sattel") sitzenden Triebwagen und Waggons. Der dritte Typ sind Hochbahnen, deren Züge unter dem Führungsgleis hängen. Solche Schwebebahnen haben Räder, die auf dem Gleis darüber laufen. Die eingleisigen Hochbahnen werden im „Sattel"-System durch seitlich an der Schiene laufende Stützbacken gehalten.

Schon Ende des 19. Jahrhunderts begann man in europäischen und amerikanischen Großstädten, Hochbahnen zu bauen, weil sie den Straßenverkehr entlasten, aber billiger als Untergrundbahnen sind. Die heute elektrisch betriebenen Hochbahnen belasten die Großstadtluft nicht mit Abgasen. Allerdings werden die Hochbahnbauten mit ihren Strebepfeilern oft als hässlich empfunden.

↑ Die New Yorker Hochbahn

Als gegen Ende des 19. Jh. die Verkehrsprobleme in den Großstädten wuchsen, entschied man sich mancherorts für Hochbahnen als günstigere Alternative zur U-Bahn. Die Hocheisenbahn in New York (USA) wurde um 1880 gebaut.

Zweite Spur für die Kabine aus der Gegenrichtung

↑ Die Montmartre-Seilbahn

Als Bergbahnen werden für steile, gerade Strecken Seilbahnen bevorzugt. Über ein umlaufendes Seil wird für jede bergwärts gezogene Kabine eine talwärts heruntergelassen. Auf der Bergstation wird heute üblicherweise das Seil elektrisch angetrieben. Auf einspurigen Gebirgsstrecken befindet sich in der Mitte eine zweispurige Ausweichstelle. Die sehr kurze Seilbahnstrecke am Pariser Montmartre-Hügel (Frankreich) ist durchweg zweispurig. Sie wurde 1900 in Betrieb genommen und 1991 und 1992 komplett erneuert.

↑ Kompakte Museumsbahn

Ihre Kompaktheit und Flexibilität machen eingleisige Schwebebahnen vielfältig verwendbar. Wie diese im Britischen Motorenmuseum in Beaulieu werden sie vorzugsweise auf Ausstellungs- und Parkgeländen eingesetzt. Während die Fahrgäste in der Bahn den Rundumblick genießen, ist auf den Wegen darunter noch genügend Platz für die übrigen Besucher.

Aus sicherer Entfernung ↑

Eingleisige Schwebebahnen sind immer eine Attraktion. Diese fährt die Besucher eines holländischen Zoos durch die Freigehege. Aus sicherer Entfernung können die Besucher die Tiere beobachten und fotografieren.

↑ Propellerschwebebahn

Diese hängende Schwebebahn wurde in den 1920er-Jahren von George Bennie (1891–1957) entwickelt und bei Glasgow (Schottland) getestet. Das Gefährt wurde von einem Flugzeugpropeller angetrieben, der von einem Diesel- oder einem Elektromotor auf Touren gebracht werden konnte. Doch das Projekt kam nicht über das Teststadium hinaus.

Wahrzeichen →

Die erste Einschienen-Schwebebahn im städtischen Verkehrsbetrieb wurde im Jahr 1900 in Wuppertal eröffnet. Sie befördert heute jährlich etwa 24 Mio. Fahrgäste auf der 13 km langen Strecke, die aus Platzgründen zum größten Teil über der Wupper verläuft.

↑ Einschienenbahn

Die meisten modernen Einschienenbahnen, etwa dieses Ausstellungsstück von der Expo '90 in Brisbane (Australien), „sitzen" oben auf der Schiene. Balance und Spurführung werden von den Rädern in den unteren Seitenwänden bewirkt. Der Antriebsstrom wird von Stromleitungen an den Seitenstegen der Schiene abgenommen. Eine hochmoderne Einschienenbahn verkehrt bereits ständig auf einer Strecke von 16 km im Großraum Tokio (Japan).

Spielzeuge und Sammlerstücke

Als sich die Eisenbahn zum wichtigsten Verkehrsmittel entwickelte, entdeckte man sie auch bald als Spielzeug. Das reicht vom einfachen Zug, den Kinder auf dem Boden schieben, bis zu ausgefeilten vorbildgetreuen Modelleisenbahnen. Die ersten Spielzeugzüge waren aus Metall oder Holz und ohne Schienen. Ende des 19. Jahrhunderts fuhren die ersten Modelleisenbahnen aus Blech dann auf eigenen Schienen. Zuerst wurden die Loks noch mit einem Uhrwerkmotor, später dann elektrisch angetrieben. Die Modelle wurden immer wirklichkeitsgetreuer und entwickelten sich vom Kinderspielzeug zum begehrten Sammelobjekt Erwachsener.

Bremswaggon

Güterwagen

Die Bilder wurden ausgeschnitten und zu Modellen zusammengeklebt.

← Modellbogen

Mit Modellen zum Ausschneiden und Zusammenkleben ließ sich auch eine Sammlung zusammenstellen.

↑ Minis für Groß und Klein

Eine Fahrt auf einer Miniatureisenbahn ist ein Vergnügen für Kinder und Erwachsene – besonders wenn sie von einer dampfenden und rauchenden Dampflok gezogen wird.

Grand-Junction-Railway-Lokomotive ↓

Dieses technisch perfekt funktionierende Modell hat eine Güterlok von 1846 zum Vorbild. Ein ausgefeiltes Modell dieser Art weist alle Details des Originals auf, z. B. Öllampen, Hebel und Signalpfeifen.

←Beliebtes Geschenk→

Eine Eisenbahn ist ein beliebtes Geschenk für Kinder jedes Alters, weil man eine Grundausstattung allmählich zu einer großen Anlage erweitern und diese ständig ergänzen kann.

Tankwagen

Zementwagen

Güterzugmodell aus den 1930er-Jahren

←Blechmodelle

Diese englischen Weißblechmodelle mit Uhrwerksantrieb waren sehr robust. Sie wurden im Paket verkauft – mit Zug, Gleisen, Weichen, Signalen, Bahnhof und Tunnel.

Metallmodell↑

Viele Modelle sind Nachbildungen berühmter Lokomotiven. So auch dieses einer Union-Pacific-Güterzuglokomotive aus den 1940er-Jahren. Es war noch überwiegend aus Metall, während man heute detailgetreuere und günstigere Modelle aus Kunststoff fertigt.

Brettspiel↑

Sogar Brettspiele wie dieses französische aus den 1870er-Jahren drehen sich um die Eisenbahn.

↑Eisenbahn-Puzzle

Viele Puzzles zeigen gemalte oder fotografierte Eisenbahnszenen. Auf diesem Puzzle ist die „Tenderlokomotive Thomas" abgebildet, die Hauptfigur einer englischen Buchreihe für Kinder aus den 1940er-Jahren.

Täuschend ähnlich↓

Solche detailgetreuen Modelle werden meist von geschickten Bastlern gebaut. Die Schnellzug-Dampflokomotive *Lady of Lynn* fuhr ab 1908 für die britische Great Western Railway.

Die Zukunft der Bahn

Für neuartige Züge und Schienen werden neue Materialien und umweltfreundlichere Energiequellen genutzt. In Großstädten gelten Bahnen als Hauptverkehrsmittel und reduzieren Verkehrsstaus und Abgase. Zwischen Städten sorgt die Eisenbahn für einen raschen, komfortablen Überlandverkehr und hilft im Kampf gegen CO_2-Emissionen und die globale Erwärmung. Schnelle Elektrozüge sind längst Standard in Industrienationen und Länder wie China und Indien holen hier rasch auf. Hochgeschwindigkeitszüge mit Neigetechnik ermöglichen auf konventionellen Gleisen höhere Geschwindigkeiten und mehr Komfort für die Fahrgäste und ersparen die Zusatzkosten für den Bau neuer Strecken. Güterzüge entlasten ebenfalls die Umwelt.

Magnetschwebebahn ↑
Diese Bahnen werden von Magnetfeldern bewegt. Statt auf Rädern und Gleisen zu fahren, schweben sie, angetrieben von Magneten, wenige Millimeter über einer Schiene. Der Transrapid Shanghai beschleunigt in 2 Minuten auf 350 km/h und erreicht eine Höchstgeschwindigkeit von 431 km/h.

↓ Modernste Strecke
Im Dezember 2017 nahm die Deutsche Bahn eine Neubaustrecke zwischen Ebensfeld und Erfurt in Betrieb. Sie gehört zur neuen Schnellfahrstrecke Berlin–München, für die neben neuen Streckenabschnitten u. a. 37 Brücken gebaut wurden. Auf der modernen Strecke werden die Züge nicht mehr über Signale entlang der Strecke, sondern per Funk gesteuert. Sie fahren zudem auf einer sogenannten Festen Fahrbahn (ohne Schotter), die Höchstgeschwindigkeiten von 300 km/h ermöglicht.

↑In der Kurve

Die Deutsche Bahn fährt auch Züge mit Neigetechnik wie diesen. Bei höheren Geschwindigkeiten ist die Fliehkraft in den Kurven eine unangenehme Begleiterscheinung. Die Neigetechnik wirkt dem entgegen und sorgt so für Fahrkomfort.

Eurostar↑

Als der Kanaltunnel 1994 eröffnet wurde, starteten die Züge in London Waterloo. Seit 2007 fährt der Eurostar von London (England) in 2 Stunden und 15 Minuten nach Paris (Frankreich) und in weniger als 2 Stunden nach Brüssel (Belgien). Die Triebköpfe der Züge schalten automatisch auf die unterschiedliche Netzspannung der jeweiligen Länder um.

Der E200 fuhr erstmals im Juli 2007.

Der Motor kann mit Wasserstoff, Biotreibstoff oder fossilen Treibstoffen betrieben werden.

←Grüne Züge

In diesem in Japan fahrenden E200 wird im Passagierabteil auf einem Flachbildschirm angezeigt, wie viel Energie während der Fahrt jeweils verbraucht wird. Der umweltfreundlich konstruierte Zug fährt mit Hybridenergie – einem Motor und Batterien, die bei jeder Bremsung aufgeladen werden („regeneratives Bremsen"). Das reduziert Geräusche und Emissionen um bis zu 60 %.

Ein ICE überquert auf einer Testfahrt Richtung Erfurt die Rehtalbrücke.

Berühmte Zugfahrten

Spektakuläre Landschaften erlebt man in Langstreckenzügen wie dem *Canadian*, den Rausch der Geschwindigkeit in den japanischen Shinkansen und Luxus im *Blue Train* in Afrika. Extreme Abenteuer bieten die steilste Eisenbahnfahrt der Welt auf die Teufelsnase in Ecuador oder eine Fahrt im einzigen Personenwagen des 2,5 Kilometer langen Eisenerz-Wüstenzugs in Mauretanien.

↑The Canadian (Kanada)

Durch die Rocky Mountains, die weiten Prärien und die Seenlandschaft von Ontario befördert der *Canadian* seine Fahrgäste über 4466 km von Vancouver bis Toronto.

↑California Zephyr (USA)

Die 3924 km lange Fahrt des *California Zephyr* von San Francisco nach Chicago folgt der Route der ersten transkontinentalen Eisenbahnstrecke der USA. Sie bietet spektakuläre Ausblicke auf die Berge der Sierra Nevada und den oberen Coloradofluss.

↑El Chepe (Mexiko)

Diese 673 km lange Strecke von Los Mochis nahe der Pazifikküste verläuft durch die Sierra Madre bis nach Chihuahua und durchquert die spektakuläre Kupferschlucht.

←Von Cusco nach Machu Picchu (Peru)

Diese spektakuläre Fahrt zu den alten Inkaruinen von Machu Picchu verläuft über 112 km durch das Valle Sagrado und die Vorberge der Anden mit Ausblicken auf den Urubamba.

↑ Glacier Express (Schweiz)

Dieser berühmte Zug bewältigt auf der 291 km langen Strecke von Zermatt nach St. Moritz 291 Brücken und 91 Tunnel, teilweise mithilfe von Zahnstangen.

↑ Transsibirische Eisenbahn (Russland)

Von Moskau durch Sibirien nach Wladiwostok werden auf der 9288 km langen Strecke sieben Zeitzonen durchquert.

↑ Qingzang-Bahn (China)

Diese 1956 km lange Strecke von Lhasa in Tibet bis Xining in der Provinz Qinghai enthält den höchsten Streckenabschnitt der Welt über den Tanggula-Pass in 5072 m Höhe. Für diese Höhen enthalten die Waggons für jeden Fahrgast eine Sauerstoffmaske.

↑ Tokaido-Shinkansen (Japan)

Der Shinkansen Tokio–Osaka war der erste Hochgeschwindigkeitszug der Welt. Heute bewältigen die ultramodernen *Nozomi*-Züge die 515 km lange Strecke, die am Fuji vorbeiführt, in gerade 2,5 Stunden und erreichen dabei eine Geschwindigkeit von rund 270 km/h.

← Blue Train (Südafrika)

Dies ist einer der luxuriösesten Züge der Welt, eine Art Fünf-Sterne-Hotel auf Schienen samt Butlerservice und Suiten mit Bad. Er fährt die 1600 km lange Strecke zwischen Kapstadt und Pretoria.

↑ The Ghan (Australien)

Um die 2979 km lange Strecke von Darwin im Norden bis nach Adelaide im Süden zurückzulegen, benötigt *The Ghan* 53 Stunden. Der Name bezieht sich auf die afghanischen Kamelkarawanen, die vor der Eisenbahn den Kontinent durchquerten.

Chronik

Vor rund 200 Jahren eröffnete die revolutionäre Erfindung der Eisenbahn Reiseverkehr und Handel neue Möglichkeiten. Das neue Verkehrsmittel beförderte Menschen und Güter schneller und weiter als je zuvor. Heute, da die Straßen zunehmend verstopft sind, erlebt die Eisenbahn ein Comeback. Hier einige wichtige Daten aus ihrer Geschichte.

Eröffnung der US-Transcontinental Railroad (1869)

Trevithicks Lokomotive (1804)

1604
Ein Gleis aus Holzschienen für von Pferden gezogene Kohlewaggons wird bei Nottingham (England) gebaut.

1767
Die ersten Eisenschienen für Kohlewaggons werden in Shropshire (England) gefertigt.

1769
In Paris (Frankreich) führt Nicolas Cugnot seinen Dampfwagen vor – das erste selbstbewegte Fahrzeug.

1804
Der englische Ingenieur Richard Trevithick baut die erste Dampflokomotive der Welt.

1812
Die Kohle befördernde Middleton Railway in Leeds (England) setzt als erste Eisenbahn Dampfloks ein.

1825
Die Stockton and Darlington Railway im County Durham (England) ist die erste öffentliche Dampfeisenbahn.

1829
George und Robert Stephensons *Rocket* gewinnt das Rennen von Rainhill bei Liverpool (England).

1830
In England nimmt die erste Eisenbahnverbindung zwischen zwei Städten, die Liverpool and Manchester Railway, ihren Dienst auf.

1835
Die *Adler*, die erste Dampflok Deutschlands, fährt von Nürnberg nach Fürth.

1837
Die ersten elektrischen Telegrafen werden in England und den USA vorgestellt.

1853
Die erste Eisenbahn Indiens geht in Betrieb.

1854
In Österreich verkehrt mit der Semmeringbahn die erste Gebirgsbahn der Welt.

1856
Im Südosten der USA wird die erste Eisenbahnbrücke über den Mississippi gebaut.

1862
Der *Flying Scotsman* verkehrt erstmals zwischen London (England) und Edinburgh (Schottland).

1863
Die erste U-Bahn der Welt wird in London (England) eröffnet. Sie ist dampfbetrieben.

1869
In den USA startet die erste Eisenbahnverbindung von Küste zu Küste. Sie ist 3069 km lang.

1881
Die erste elektrische Straßenbahn der Welt verkehrt in Berlin-Lichterfelde.

1882
In der Schweiz wird der Gotthardtunnel zunächst für den Güterverkehr und die Postbeförderung freigegeben.

1890
Die erste elektrische U-Bahn der Welt wird in London (England) eröffnet.

1895
Die Baltimore & Ohio Railroad in den USA ist die erste elektrifizierte Bahnstrecke der Welt.

1899
Das Königlich Bayerische Eisenbahnmuseum (heute: DB Museum) wird in Nürnberg eröffnet.

1902
Die Berliner U-Bahn nimmt ihren Betrieb auf.

1903
In Deutschland schafft ein Drehstrom-Triebwagen von AEG und Siemens 210 km/h.

1904
Eröffnung der U-Bahn von New York (USA).

1913
In New York (USA) wird der größte Bahnhof der Welt eröffnet (Grand Central Terminal).

Der erste reguläre Dieselzug der Welt geht in Schweden in Betrieb.

1916
In Russland wird die Transsibirische Eisenbahn fertiggestellt, die mit 9288 km längste Eisenbahnstrecke der Welt.

1928
Der *Flying Scotsman* verkehrt nonstop zwischen London (England) und Edinburgh (Schottland) und legt die 632 km lange Strecke in 8 Stunden und 3 Minuten zurück.

1933
Der Dieselschnelltriebwagen *Fliegender Hamburger* geht zwischen Hamburg und Berlin in Betrieb.

1934
Der deutsche Erfinder Hermann Kemper entwickelt die Magnetschwebebahn.

1935
Die Moskauer U-Bahn wird eröffnet.

Moskauer U-Bahn

Querschnittmodell des Kanaltunnels, der 1994 eröffnet wurde

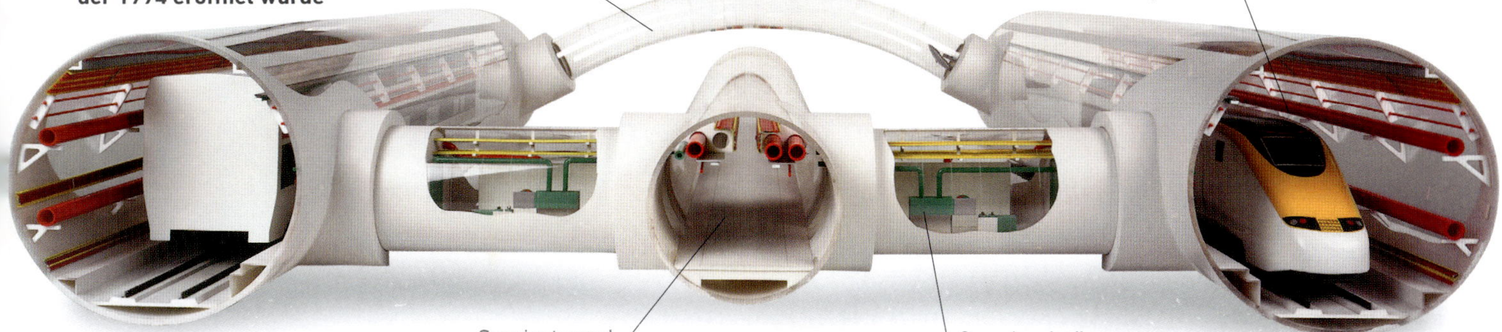

1936
Die *Nr. 05-001* – ein Prestigeprojekt der Nationalsozialisten – erzielt mit 199 km/h einen Rekord als schnellste Stromlinien-Dampflok der Welt. 2 Jahre später wird sie jedoch von der britischen *Mallard* übertroffen, die es auf 203 km/h bringt.

1941
Die US-Gesellschaft Union Pacific Railroad stellt ihre neue Lokomotive *4-8-8-4 Big Boy* vor, die größte je gebaute Dampflokomotive.

1949
Kanada verkündet die Abschaffung von Dampfzügen.

1952
„Huckepackzüge", die Straßensattelzüge transportieren können, gehen in Nordamerika in Betrieb.

1960
Die ersten Containerzüge verkehren in den USA.

1964
Japan eröffnet die erste Hochgeschwindigkeitseisenbahnstrecke der Welt – die Shinkansen. Die Züge fahren bis zu 210 km/h schnell.

1965
Die erste Elektrolok der Baureihe 103 wird eingesetzt. Wegen ihrer Leistungsfähigkeit und ihres Designs gilt sie fast 30 Jahre lang als das Flaggschiff der Deutschen Bundesbahn.

1968
Die Dampfkraft wird im britischen Eisenbahnnetz eingestellt.

1969
Australien eröffnet die Ost-West-Transkontinentalroute von Sydney nach Perth.

1970
In Amerika meldet die Penn Central Railway Konkurs an. Es ist die größte Firmenpleite der US-Geschichte.

1981
Frankreich eröffnet die erste Hochgeschwindigkeitsstrecke zwischen Paris und Lyon. Die Höchstgeschwindigkeit des TGV beträgt 300 km/h.

1984
Die ersten doppelstöckigen Containerzüge gehen in den USA in Betrieb.

Die erste Magnetschwebebahn der Welt wird am International Airport von Birmingham in England eröffnet.

1987
Der britische High-Speed Train erzielt einen neuen Rekord für Dieselloks: 238 km/h.

1991
In Deutschland geht der erste ICE in Betrieb.

1994
Der Kanaltunnel wird eröffnet, die erste Unterseeverbindung zwischen England und Frankreich.

2001
In Australien misst der längste Zug der Welt 7,3 km. Er besteht aus 682 Waggons und 8 Lokomotiven.

2003
Japans Versuchsmagnetschwebebahn stellt einen neuen Weltrekord auf: 581 km/h.

2004
Die Magnetschwebebahn von Schanghai wird in China eröffnet. Die Züge erreichen 350 km/h in 2 Minuten.

2006
China eröffnet die höchste Eisenbahn der Welt. Sie verbindet Peking mit Lhasa in Tibet über Xining.

Die Union Pacific Railroad befördert in den USA die Weltrekordmenge von 172 Mio. t Kohle im Jahr.

2007
Eine Spezialkonstruktion des französischen V150 TGV erzielt einen neuen Weltrekord für Elektrozüge: 574 km/h.

Japan stellt seinen neuen „grünen" Shinkansen N700 vor, einen Hochgeschwindigkeitszug mit reduziertem Energieverbrauch.

2008
Mumbai, eine der größten Städte der Welt und Indiens Handelszentrum, hat das größte städtische Bahnnetz, das täglich 6,1 Mio. Menschen befördert.

2012
Die Tokioter U-Bahn transportiert in einem Jahr über 3 Mrd. Passagiere und ist damit die meistfrequentierte U-Bahn der Welt.

2016
Der Gotthard-Basistunnel in der Schweiz wird eröffnet. Er durchquert die Schweizer Alpen von Norden nach Süden und ist mit 57,1 km der längste Bahntunnel der Welt.

2017
Zwischen Berlin und München wird eine neue Schnellfahrstrecke in Betrieb genommen. Für die moderne Bahnstrecke wurden u. a. 37 Talbrücken gebaut. Der ICE fährt auf der modernen Strecke bis zu 300 km/h schnell.

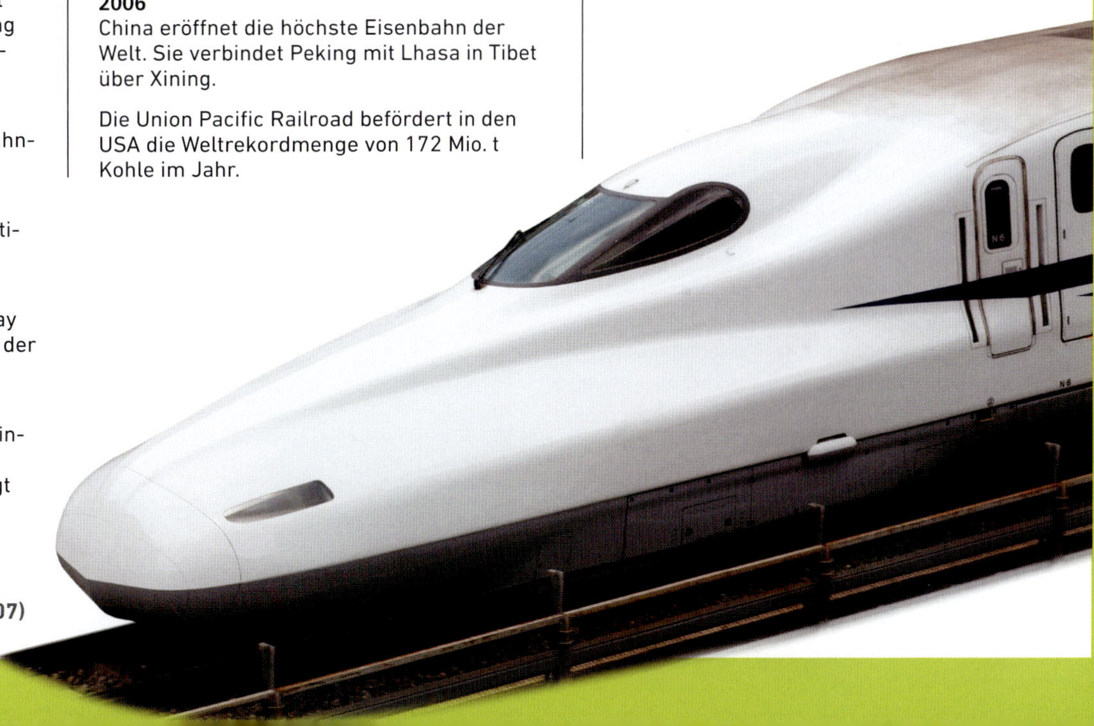

Japans Shinkansen N700 (2007)

Neugierig geworden?

Zahllose Orte widmen sich dem beliebten Thema Eisenbahn. Du kannst mit historischen Zügen fahren, einem Eisenbahnverein beitreten und dich am Betrieb und an der Restaurierung von Zügen beteiligen oder in Verkehrsmuseen alte und neue Eisenbahnobjekte bestaunen. Deine örtliche Bibliothek hat bestimmt Eisenbahn-DVDs und -Bücher und im Internet findest du Fangruppen, Veranstaltungen und Sonderzüge.

Goathland Station, North Yorkshire Moors Railway (England)

↑Historische Eisenbahnen

Auf der ganzen Welt gibt es historische Eisenbahnen. Du kannst in Dampfzügen mitfahren und manchmal sogar lernen, wie man eine Dampflok fährt. Historische Eisenbahnen werden meist von Vereinen betreut, die sich über neue Mitglieder freuen.

Museen und Ausstellungen↓

In Verkehrsmuseen und sogar in manchen wissenschaftlichen Museen gibt es Abteilungen für Züge. Viele Länder haben auch ein nationales Eisenbahnmuseum. Dort bekommst du einen Überblick zur Entwicklung der Bahn und ihrer Technik.

Internetadressen

- Die Erfindung der Eisenbahn – wie alles begann.
  https://www.planet-wissen.de/technik/verkehr/geschichte_der_eisenbahn/index.html
- Der erste Zug in Deutschland.
  https://www.dbmuseum.de/museum_de/ausstellungen_fahrzeuge/fahrzeuge/fahrzeughalle_l/3736566/adler.html
- Auch für Züge gibt es Verkehrsregeln.
  http://www.medienwerkstatt-online.de/lws_wissen/vorlagen/showcard.php?id=2379&edit=0
- Kinderseite der Deutschen Bahn.
  www.olis-bahnwelt.de
- Hier erfährst du alles über Stellwerke.
  www.stellwerke.de
- Wie funktionieren die Toiletten in Zügen?
  www.physikfuerkids.de/wiewas/klo/vacuum.html
- Hier kannst du dir einen Film über die Wartung einer Lokomotive anschauen.
  http://www.mdr.de/suche/video-159588_zc-13f2fa39_zs-8454ba72.html
- Hier erfährst du mehr über die verschiedenen ICE-Züge.
  www.bahn.de/p/view/service/zug/fahrzeuge/zugtypen.shtml
- Informiere dich über die Transsibirische Eisenbahn.
  www.abenteuer-transsibirien.de/cgi-bin/transsib.cgi?site=einleitung
- Bastel dir eine Lokomotive.
  https://www.coolkidz.de/bastelanleitung-lokomotive.html

Eine Dampflokomotive im Verkehrshaus der Schweiz in Luzern

Schienenfahrrad in der Bretagne

↑ Auf Schienen radeln

An manchen Orten wurden die Gleisbetten alter Eisenbahnstrecken in Wege für Spaziergänger und Radfahrer umgewandelt. In Deutschland, Frankreich, Schweden und anderen europäischen Ländern gibt es auch Schienenfahrräder. Damit kannst du über Gleisabschnitte radeln, auf denen keine Züge mehr fahren.

Züge im Film

***Mord im Orient-Express* (2017)**
In dem Kriminalfilm, der auf dem gleichnamigen Roman von Agatha Christie basiert, ermittelt Hercule Poirot in einem Mordfall in dem legendären Luxuszug.

***Der Polarexpress* (2004)**
Ein Zauberzug lädt an Heiligabend einen kleinen Jungen zu einer Fahrt zum Nordpol ein, wo er dem Weihnachtsmann begegnet.

***Harry Potter*-Filme (2002 bis heute)**
In den Zauberer-Filmen befördert der Dampfzug *Hogwarts Express* Harry und seine Freunde zur Zauberschule. Der Bahnhof Hogsmeade ist in Wirklichkeit Goathland (S. 68) an der North Yorkshire Moors Railway.

***Der General* (1926)**
In diesem Stummfilmklassiker jagt Buster Keaton als Lokführer einer gestohlenen Lokomotive im Amerikanischen Bürgerkrieg nach.

***Harry Potter und die Kammer des Schreckens* (2002)**

← Auf dem Fahrersitz

Ein Zugsimulator ist ein Videospiel, das einem das Gefühl gibt, auf dem Platz eines Lokführers zu sitzen. Dabei muss man in einer realistischen „virtuellen" Kabine den Zug auf einer computerisierten echten Strecke steuern. Oder man baut eigene Strecken samt Bahnhöfen.

Zugsimulatorspiel von Microsoft

↑ Eisenbahnfans

Berühmte historische Lokomotiven werden oft zu besonderen Anlässen in Betrieb genommen – eine tolle Gelegenheit für Eisenbahnfans, ihre Lieblingsloks zu fotografieren oder auf ihnen mitzufahren.

Besuche doch mal …

DB MUSEUM NÜRNBERG
Das Museum der Deutschen Bahn verfügt über die größte Sammlung historischer Eisenbahnfahrzeuge in Deutschland.

EISENBAHNMUSEUM BOCHUM DAHLHAUSEN
Diverse Fahrzeuge sowie eine Signalsammlung sind hier ausgestellt. Bietet auch Museumszugfahrten an.

VERKEHRSZENTRUM DEUTSCHES MUSEUM (MÜNCHEN)
Im Museum können zahlreiche Schienenfahrzeuge besichtigt werden, darunter ein Nachbau der *Puffing Billy* und die erste Elektrolok von Werner von Siemens.

BERLINER U-BAHN-MUSEUM
Neben historischen Fahrzeugen kann man hier das ehemalige Stellwerk Olympia-Stadion besichtigen.

MINIATUR WUNDERLAND (HAMBURG)
Die größte Eisenbahnmodellanlage der Welt hat eine Streckenlänge von 12 km auf einer Fläche von rund 1200 m^2.

WIENER STRASSENBAHNMUSEUM (ÖSTERREICH)
Auf 1,8 km Ausstellungsgleisen werden 94 historische Fahrzeuge gezeigt.

Glossar

Bahnschwelle Querverbindung aus Holz, Beton oder Stahl, die die Schienen eines Gleises trägt.

Bahnübergang Eine Stelle, an der eine Straße ein Eisenbahngleis in gleicher Höhe überquert.

Block Abschnitt einer Strecke, durch den Zugfolge und -abstand kontrolliert werden.

Breitfußschiene Die heutige Standardschiene, mit t-förmigem Profil und breiter, flacher Basis.

Bremserwagen Ein Dienst- oder Güterzugbegleitwagen, der dem Begleitpersonal als Aufenthaltsraum dient.

Container Frachtbehälter aus Stahl, der mit Gütern beladen, versiegelt und dann auf speziellen Schiffen, Zügen und Lastwagen befördert wird.

Damm Ein Erdbau, mit dem eine Eisenbahnstrecke über das natürliche Bodenniveau angehoben wird.

Dampflokomotive Eine Lokomotive, die durch das Erhitzen von Wasser Dampf erzeugt, der in Zylinder eingespeist wird und damit die Räder antreibt.

Dieselelektrische Lokomotive Eine Lokomotive mit einem Dieselmotor, der Energie für elektrische Traktionsmotoren erzeugt, die die Räder antreiben.

Diesellokomotive Von einem Dieselmotor angetriebene Lokomotive.

Doppelkopfschiene Ein zuerst in England entwickelter Schienentyp mit symmetrischem Profil, das die Lebensdauer der Schiene verlängerte. Bei Abnutzung der Lauffläche wurde die Schiene einfach umgedreht.

Drehgestell Bewegliches Laufwerk eines Schienenfahrzeugs.

Druckluftbremse Eine Bremse, die durch Druckluft betätigt und gesteuert wird.

Einschienenbahn Ein Zug, der auf einer einzelnen Schiene fährt.

Eisenbahnfähre Fähren, die auf einem Deck mit Gleisen Schienenfahrzeuge transportieren.

Eisenbahnzeit Vor der Einführung von Fahrplänen gab es in einem Land an verschiedenen Orten unterschiedliche Zeiten. Durch den Bahnverkehr wurde eine Standardisierung dieser Lokalzeiten erforderlich. 1874 führte z. B. die Norddeutsche Eisenbahn die Berliner Zeit ein.

Schmiedeeisernes Emblem an einer Londoner Eisenbahnbrücke

Elektrischer Telegraf Ein um 1830 entwickeltes Kommunikationssystem, das mittels elektrischer Impulse Nachrichten durch Drähte sandte, auch in Morsezeichen. Es wurde weltweit das Standardinstrument der Eisenbahnkommunikation.

Elektrozug Ein Zug, der Elektrizität aus einer äußeren Quelle – Oberleitungen, dritte Schiene oder Batterien an Bord – nutzt, um Traktionsmotoren am Zug anzutreiben.

Feuerbüchse Kofferförmiger Raum im Kessel einer Dampfmaschine, in dem das Feuer brennt.

Fischbauchschiene Frühe Gusseisenschiene mit gewölbter Unterseite, die stärker war als andere damalige Schienen.

Führerstand Teil der Lokomotive oder des Triebwagens, von dem aus der Fahrer einen Zug steuert.

Generator Eine Maschine, die Strom erzeugt.

Getriebe Mechanische Einrichtung zum Übertragen von Bewegungen mithilfe von Zahnrädern, die direkt oder über eine Kette verbunden sind, um einander anzutreiben.

Gusseisen Eine Art von Eisen, die sich zu fast allen Formen gießen lässt. In der Frühzeit der Eisenbahn wurden Schienen und Brücken aus Gusseisen hergestellt. Später verwendete man stärkeres Schmiedeeisen.

Güterwagen Ein Schienenfahrzeug zur Beförderung von Gütern. Es gibt zahlreiche Arten wie offene oder gedeckte Güterwagen, Flach-, Kessel- und Kühlwagen.

Güterzüge Züge, die Rohstoffe und verarbeitete Güter transportieren.

Heizrohr Das Heizrohr gibt die Hitze vom Feuer einer Dampflokomotive an das Wasser im Kessel ab. Wenn das Wasser kocht, entsteht Dampf.

Hochbahn Eine auf Stelzen erbaute Gleisstrecke durch Großstadtstraßen. Beispiele sind die Wuppertaler Schwebebahn und die Hochbahnen in Berlin und Hamburg.

Huckepackzug Ein Zug, der ganze Sattelzüge transportieren kann. Dies vereinfacht den Gütertransfer zwischen Straße und Schiene.

Diesellokomotive

Kolben Der Teil einer Dampflokomotive, der die Räder antreibt. Er besteht aus einer Stange in einem Zylinder, die durch Dampf hin- und herbewegt wird. Andere Stangen übernehmen diese Bewegung und drehen die Räder.

Kopfbahnhof Bahnhof, in dem die Gleise enden, sodass Züge in umgekehrter Fahrtrichtung wieder aus ihm hinausfahren müssen.

Kuhfänger Ein vorn an vielen frühen amerikanischen und indischen Lokomotiven befestigtes Schienenräumgitter, mit dem Vieh von den Schienen geschoben wurde.

Kupplung Die Verbindung von Eisenbahnwaggons.

Laufradsatz Die Räder hinter den Antriebsrädern einer Dampflokomotive, die die Lok tragen, aber nicht angetrieben werden.

Lokomotive (Lok) Ein selbstangetriebenes Schienenfahrzeug, das einen Zug ziehen kann. Es gibt Dampf-, Diesel- und Elektrolokomotiven.

Lore Offener, auf Schienen laufender Wagen zum Transport von Gütern.

Magnetschwebebahn Ein Zug, der durch Elektromagneten über einer speziellen Schiene schwebt und angetrieben wird. Magnetschwebebahnen erzeugen praktisch keine Reibung und sind damit auch bei Höchsttempo sehr leise.

Massengut Bezeichnung für eine große Frachtmenge wie Kohle, Steine oder Getreide, die in einer einzigen Waggonladung befördert wird.

Standseilbahn in Pau (Frankreich)

Einschienenbahn in der Walt Disney World in Florida (USA)

Neigetechnik Sie ermöglicht es einem Zug, sich in Kurven zu neigen (wie ein Motorradfahrer) und damit kurvenreiche Strecken schneller zu durchfahren.

Pendler Fahrgäste, die an jedem Arbeitstag die gleiche längere Strecke mit dem Zug fahren.

Personenwagen Eisenbahnwaggon für Fahrgäste.

Pferdebahn Ein auf Schienen laufendes und von Pferden gezogenes Verkehrsmittel.

Puffer Ein Stoßdämpfer zwischen Schienenfahrzeugen.

Pullman-Wagen Ein Luxuseisenbahnwaggon, der in den USA zunächst von George Pullman 1865 als Schlafwagen für Langstreckenzüge eingeführt wurde. Später bezeichnete man alle Luxuswaggons so.

Rangierbahnhof Ein Ort, an dem Güterzüge zusammengestellt oder Güterwaggons für unterschiedliche Bestimmungsorte dem richtigen Zug zugeteilt werden.

Rangierlok Eine kleine Lokomotive, die Waggons auf einem Rangierbahnhof Zügen zuteilt. *Siehe auch* Rangierbahnhof

Saugluftbremse Eine Bremsart, die im Unterschied zur heute gebräuchlichen Druckluftbremse mit Unterdruck statt mit Überdruck funktioniert.

Schauglas Eine Vorrichtung, die dem Lokführer einer Dampflok den Wasserstand im Kessel anzeigt. Würde der Kessel austrocknen, würde die Lokomotive explodieren.

Schlafwagen Ein Wagen mit Betten, in denen die Fahrgäste während der Fahrt schlafen können. Schlafwagen wurden erstmals in den 1830er-Jahren in Amerika eingeführt.

Schmiedeeisen Eine Art von Eisen, die durch Schmieden oder Hämmern bearbeitet wird und vor der Erfindung von Stahl verwendet wurde.

Signal Eine starre Vorrichtung mit einem Arm oder Licht, die anzeigt, ob ein Zug halten, fahren oder bremsen soll. Mit einem Signal wird auch ein Zug gestartet, sei es durch eine Geste, einen Pfeifen- oder einen Klingelton.

Speisewagen Ein Waggon, in dem Mahlzeiten für die Fahrgäste serviert werden.

Zahnradbahn in Snowdonia (Wales)

Spurkranz Vertikaler Wulst an der Innenseite moderner Eisenbahnräder.

Spurweite Der Abstand zwischen den Schienen eines Gleises. Die am meisten verbreitete Spurweite beträgt 1435 mm und heißt Normalspur. Weltweit gibt es auf den Eisenbahnnetzen jedoch noch andere größere und kleinere Spurweiten.

Standseilbahn Schienengebundene Fahrzeuge, die von Kabeln oder Ketten auf stark geneigten Strecken gezogen werden.

Stellwerk Ein Gebäude, in dem die Bewegung von Zügen durch Signale und Weichen gesteuert wird.

Stromabnehmer Eine Vorrichtung auf einem Elektrozug, die elektrischen Strom von der Oberleitung auf den Motor überträgt.

Tender Der Waggon hinter einer Dampflokomotive, der die Brennstoff- und Wasservorräte enthält.

Tenderlokomotive Eine Dampflokomotive, die ihre Wasser- und Brennstoffvorräte selbst mitführt statt in einem angehängten Tender.

Treibstange Der Teil einer Dampflokomotive, der die Kraft vom Kolben auf die Treibräder überträgt.

Triebrad Ein Rad, das eine Lokomotive auf einem Gleis bewegt. Bei einer Dampflokomotive werden die Antriebsräder von den Kolben angetrieben. Bei Diesel- und Elektrolokomotiven versorgen Traktionsmotoren die Antriebsräder mit Energie.

Triebwagen Schienenfahrzeug mit eigenem Antrieb, meist einem Unterflurmotor.

Überhitzer Eine Vorrichtung im Kessel einer Dampflokomotive, die den Dampf über den Verdunstungspunkt hinaus erhitzt und damit mehr Energie erzeugt.

Weiche Ein Gleisstück, das Schienenfahrzeugen den Wechsel von einem Gleis auf ein anderes ermöglicht.

Zahnradbahn Ein Schienenfahrzeug, das sich mittels Zahnrädern auf einer zwischen den Schienen montierten Zahnstange bewegt und dadurch steilere Strecken als normale Bahnen bewältigen kann.

Zahnschiene Eine zusätzliche, mit einer Zahnstange versehene Schiene, die es einem Zug ermöglicht, steilere Strecken zu bewältigen. *Siehe auch* Zahnradbahn

Zug Ein Verbund von Triebfahrzeug(en) und Waggons oder Wagen, der auf Schienen fährt und Fahrgäste oder Güter transportiert.

Zugführer Die Person, die für den Betrieb eines Personenzugs verantwortlich ist. Früher bewachte der Zugführer Pakete und andere Güter in einem Zugführerwaggon.

Zugschlussleuchte Die Warnlampe am Ende eines Zugs.

Zylinder Kammer in einer Maschine, in der sich Dampf ausdehnt oder Brennstoff entzündet wird, um den Kolben anzutreiben und damit Energie zu erzeugen.

Beladen von Flachwagen in Ghana

Register

A

Abteil 28–29, 31, 37, 42–45
Adelaide (Königin) 44
Adler 16
Agenoria 18
amerikanische Eisenbahn 13, 18–19, 20, 36, 64, 66–67
Antriebsräder 11, 14–15, 19
Ärmelkanal, Tunnel unter dem 21, 67

B

Bahnbetrieb 50–51
Bahnhöfe 21, 33, 34–35, 41, 44, 48–49, 50, 56, 66
Bahnhofshotel 50
Bahnhofsvorsteher 50
Bahnpolizei 34
Baltimore and Ohio Railroad 18, 38, 66
Baureihe 103 67
Bennie, George 59
Berliner U-Bahn 66
Best Friend of Charleston 12, 66
Beyer-Garratt-Lokomotiven 17, 53
Big Boy 67
Blue Train 42, 64–65
Bremsen 9, 15, 26, 27, 34, 35, 63
britische Eisenbahn 27, 31, 40–41, 50, 52–53, 54
Brücken 6, 20–21, 22, 23, 64
Brunel, Isambard Kingdom 21

C

California Zephyr 64
Canadian, the 64
Central Pacific Railroad 18
Chepe, el 64
China 17, 53, 62, 65, 67
Christie, Agatha 31, 69
Cresley, Nigel 47
Cugnot, Nicholas 10, 66

D

Dampfkraft 10–11, 12
Dampflok *siehe* Lokomotiven
Deltic-Lokomotiven 40–41
De Witt Clinton-Lokomotive 19
Deutsche Bahn 39, 47, 63
Diesel, Rudolf 40
Diesellok *siehe* Lokomotiven
Docklands Light Railway 62
Dominion Atlantis Railway 55
Drehgestelle 22, 23
Dritte Klasse 28–29

E

E200 63
Eduard VII. (König) 45
Einschienenbahn 59
Eisenbahnbau *siehe* Gleisbauer
Eisenbahnfähren 23, 43
Elektroloks *siehe* Lokomotiven
Erste Klasse 6, 28–29, 30
Eurostar 63
Evans, Oliver 11
Evening Star 52–53
Expresszüge 13, 31, 39, 41, 42, 47, 64–65

F

fahrerlose Züge 56, 62
Fahrkarten 28, 30, 42, 49, 57
Fernschnellzüge 13, 38–39, 42–43, 64–67
Feuerwehr 50
Filme, Eisenbahn- 25, 31, 49, 69
Firth-of-Forth-Brücke 23
Fliegender Hamburger 66
Flying Scotsman 13, 66
Fracht 7, 8–9, 12, 26–27, 48

G

Gare de Lyon, Paris 49
Gelenklok *siehe* Lokomotiven
Geschwindigkeitsrekorde 38, 39, 41, 46–47, 67
Ghan, the 65
Glacier Express 64
Gladstone 44
Gleisbauer 6, 20–21, 24, 51
Gotthardtunnel 66
Gotthard-Basistunnel 67
Grand Central Terminal, New York 48, 66
Great Western Railway 50, 55, 61, 66
Güterzüge 7, 26–27, 39, 52–53, 60, 61
siehe auch Fracht

H I J

Hedley, William 11
Heizer 14–15, 50
Hiawatha 46
Hochgeschwindigkeitszüge 39, 41, 47, 54, 62, 63, 65, 67
ICE 39, 47, 54, 67, 68
Indian Pacific 42, 65
Indien 16, 17, 52, 53, 65, 66, 67
Intercity-Züge 41, 47
John Bull 19

K L

Kanaltunnel 21, 63, 67
Kessel 14, 15, 23, 57
Kitson-Meyer-Lokomotive 22
Kohle 7, 8–9, 11, 14, 15, 17, 19, 26–27, 44, 53, 66
Kolben 10, 14, 15
Kuhfänger 13, 19
Lady of Lynn 61
Laufräder 14–15
Liverpool-Manchester-Linie 6, 12, 13, 66
Lokführer 11, 15, 32, 33, 34, 35, 41, 49, 50, 56, 69
Lokomotiven
Dampf- 7, 9, 10–15, 16, 18, 25, 26, 38, 40, 41, 46, 47, 50, 52–53, 61, 66, 67, 68
Diesel- 7, 38, 40–41, 53, 67
dieselelektrische 12, 26, 40–41
elektrische 7, 12, 38–39, 53, 67
Gasturbinen- 63
Gelenk- 16–17, 19, 22–23
Tender- 22–23, 53, 56–57, 61
London North Eastern Railway 46, 55

M N

Magnetschwebebahn 62, 67
Mallard 41, 46–47, 67
Mary (Königin) 45
Metro, Paris 57
Mistral 38
Montmartre-Seilbahn, Paris 58
Moskauer U-Bahn 56, 67
Mount Washington *siehe* Zahnradbahn
Münchener U-Bahn 57
Namensschilder 54–55
New Yorker Hochbahn 58
Norris, William 17
Novelty 12
Nr. 05-001 67

O P Q

Orientexpress 13, 31, 64
Personenzüge 7, 13, 28–29, 37, 63, 66–67
Post 36–37, 66
Puffing Billy 11, 69
Pullman, George 30
Pullman-Wagen 30, 31
Qingzang-Bahn 65

R S

Rangierbahnhof 35
Rangierlok *siehe* Lokomotiven
Rocket 7, 13
Royal-Albert-Brücke, Plymouth 21
Schienen 6, 7, 8, 10, 11, 19, 20, 24–25, 26, 59, 62, 66
Schlafwagen 7, 30, 37, 42–43
Schnellzüge 13, 39, 50, 52, 60
Schornstein 11, 15, 18, 23, 57
Schwebebahn 58–59, 62, 67
Seilbahn *siehe* Montmartre-Seilbahn
Semmeringbahn 66
Shinkansen 47, 65, 67
Siemens, Werner von 38
Signale 15, 32–35, 51, 61
Lichtsignale 34, 35
Signalflaggen 32
Signalglocken 13, 19
Signalhorn 51
Signalpfeifen 19, 49, 60
Simbabwe 53
Snowdon, Wales 23
Speisewagen 28, 30, 42, 43, 51
Spurkranz 6, 7, 8, 9, 18, 25
Spurweite 24–25, 52
Steigungen 20, 22, 23, 64–65
Stephenson, George 12, 66
Stephenson, Robert 7, 12, 13, 19, 66
Stirnlampen 13, 16, 19
Stockton-Darlington-Linie 12, 66
Stourbridge Lion 18
Stromschienen 6, 38–39
Super Chief 43
Sydney, Hafenbrücke 22

T U

Tender 7, 11, 14, 15, 17, 18
TGV 39, 47, 54, 67
Tokaido-Shinkansen 47, 65
Tokioter U-Bahn 57
Trans-Europ-Express (TEE) 41
Transrapid Shanghai 62
Transsibirische Eisenbahn 42, 65, 66, 68
Trevithick, Richard 10, 66
Tunnel 6, 20–21, 38, 39, 43, 56–57, 63, 65, 66, 67
Umwelt 7, 18, 38, 62, 63, 67
Union Pacific Railroad 18, 61, 67

V W Z

Viktoria (Königin) 44–45
vollautomatische U-Bahn *siehe* fahrerlose Züge
Waggons 6, 9, 19, 20, 26, 27, 28, 29, 31, 37, 39, 41, 48, 52, 55, 58, 60, 65, 66, 67
Wagons-Lits-Gesellschaft 43
Wärter 33, 34, 50
Waterloo Station, London 49, 63
Watt, James 10
Weichen 24, 32–33, 35
Westinghouse, George 66
Wuppertaler Schwebebahn 59
Zahnradbahn 23
Zephyr 41, 64
Zweite Klasse 28–29

Dank und Bildnachweis

Der DK Verlag dankt der Belegschaft des National Railway Museum in York, v. a. David Wright und Richard Gibbon, John Liffen vom Science Museum, Justin Scobie für Fotoassistenz, dem London Transport Museum, den Stellwerkern des Bahnhofs von Three Bridges (British Rail) in West Sussex, der Bluebell Railway, dem Flughafen Gatwick, Claire Gillard für die Anfangsrecherche, Helena Spiteri, Lisa Stock und Gin von Noorden für Lektoratsassistenz, Earl Neish für die gestalterische Assistenz sowie Robert Gwynne und Russell Hollowood vom National Rail Museum in York für die Unterstützung.

Der Verlag dankt folgenden Personen und Organisationen für die freundliche Genehmigung zum Abdruck von Fotos:

(Abkürzungen: o = oben, u = unten, m = Mitte, l = links, r = rechts, g = ganz, Hg = Hintergrund)

123RF.com: chuyu 33gom; canbedone 57 gol. Advertising Archives: 26um, 61gol (Detailaufnahme), 61gor (Detailaufnahme). Alamy Images: Michael Grant 70mlu; JTB Photo Communications, Inc. 65ul, 65gol; James Lovell 68gor; Iain Masterton 67ur; Sami Sarkis France 69gol; Nick Suydam 64mlo. alimdi.net: Photographers Direct 68ur. Aquarius Library: Warner Bros 69gor. Australian Overseas Information Service, London: 42ml. Barlow Reid: 7omr, 41mr. Bettmann Archive / Hulton Picture Library: 19go, 20m. Bridgeman Art Librar / Science Museum, London: 11ugom; National Railway Museum, York: 11gor; Private Collections: 13ugom; Guildhall Art Gallery, Corporation of London: 45ml; Guildhall Library, Corporation of London: 56ml. Britt Allcroft (Thomas Ltd.), 1989: 61ml. Jean-Loup Charmet: 10umr, 30ul, 44ml, 56mr. J.A. Coiley: 54mr, 58ur. G. Cooke, Rail Safaris: 53ml. Corbis: Eleanor Bentall 65ur; Ursula Gahwiler / Robert Harding World Imagery 64gor; Colin Garratt, Milepost 92 71ur; Gavin Hellier / Robert Harding World Imagery 67ml; Dave G. Houser 64um; Lester Lefkowitz 64–71 (Hg); Bruno Morandi / Robert Harding World Imagery 65gom; Michael Reynolds / EPA 65gor; Phil Schermeister 64ul; Naoaki Watanabe / amanaimages 65mr. Culver Pictures Inc.: 11gol, 16ugor, 19ur, 37gol, 41ugor, 47or. Michael Dent: 23ml, 52m, 55mr. Deutsche Bahn AG: SIEMENS 39ol, 47mlo; Frank Barteld 62–63u; Barteld Redaktion & Verlag 63gol. DK Images: Rough Guides 71mu, 71gol. Dreamstime.com: Yinglina 39mr; Androniques 56gor; Beijing Hetuchuangyi Images Co. Ltd. / Eastphoto 62gor. drr.net: Joern Sackermann 69um. e.t. archive: 6m, 7ml, 9gol, 9gom, 9ml, 12ml, 16ul, 20gor, 26ugor (Detailaufnahme), 28gor, 29mr, 33mo, 36gor, 46ml, 49uml, 51gor. Eurostar: 63gor. Ffotograff: 42gor. Getty Images: Hulton Archive / Andrew Joseph Russell / MPI 66ur. Hulton Picture Company: 31ugol. Hutchison Picture Library: 22gol, 53gor. iStockphoto.com: Teka77 59mr. Japan Railways Group, New York Office: 63ml. Antony J. Lambert: 45m, 60ml. La vie du rail, Paris: 38ml. Mack Sennet Productions: 25ugor. Mansell Collection Ltd.: 8gor, 10omr, 23gom. Mary Evans Picture Library: 8ur, 9mr, 13go, 17ugol, 21uml, 29gol, 35gom, 38m, 40gol, 61umr. John Massey Stewart: 45uml, 59gor. Microsoft: Abdruck des Microsoft-Screenshots mit frdl. Genehmigung der Microsoft Corporation 69m. Millbrook House Ltd.: 7gor, 23ur, 37gor, 51ugol, 58mr. Mit freundlicher Unterstützung der MVG: 57mro. National Railway Museum: 6ml, 7gol, 12gor, 13ugor, 21gol, 21gor, 23gor, 25gor, 25umr, 26uml, 30um, 35mr, 37ugom, 43umr, 49gom, 50mr, 59gol; Terence Cuneo: 33um. Peter Newark's Picture Library: 13m, 18gol, 18mr, 19m, 19gor, 24gor, 34gol, 42ul, 43ur, 53gol. Picture Alliance: DPA 35ur Quadrant Picture Library: 21m, 27ugom, 43ugor, 47m, 53mr. Rank Films: 49ul Retrograph Archive / Martin Breese: 36gol. Robert Harding Picture Library: 52ml, 58ul. Telegraph Colour Library: 50gor, 57m. Weintraub / Ronald Grant: 31gol. Zefa Picture Library: 24gol, 35gol, 41gor, 47go, 48ur, 59u.

Poster: *Vorn*: Deutsche Bahn AG/SIEMENS.

Cover: *Vorn*: Deutsche Bahn AG/SIEMENS. *Hinten*: Deutsche Bahn AG/SIEMENS ul; Dorling Kindersley: National Railway Museum, York/Science Museum Group mro; Dreamstime.com: Beijing Hetuchuangyi Images Co. Ltd./Eastphoto m. *Rücken*: 123RF.com: Stefanie Keller/bubbleundcoon.

Weitere Informationen unter www.dkimages.com

978-3-8310-3548-9

978-3-8310-3397-3

978-3-8310-3549-6

978-3-8310-3399-7

978-3-8310-3398-0

978-3-8310-3550-2

978-3-8310-3400-0

978-3-8310-3401-7

978-3-8310-3402-4

978-3-8310-3403-1

978-3-8310-3404-8

978-3-8310-3405-5

978-3-8310-3406-2

978-3-8310-3407-9

978-3-8310-3408-6

978-3-8310-3551-9

978-3-8310-3552-6

978-3-8310-3409-3

Jeweils 72 Seiten
Mit Doppelposter
Ab 8 Jahren
€ 9,95 [D] / € 10,30 [A]